アジャイルチームによる

目標づくりガイドブック

OKRを機能させ
成果に繋げるためのアプローチ

小田中 育生［著］
Odanaka Ikuo

はじめに

著者序文

高い目標を立て、それを達成するために自己を研鑽し実績を積む。目標設定を起点にした営みは、個人の成長のみならず個人が所属するチーム、ひいては企業の成長につながり、さらには世の中をよりよいものにしていくことにつながっていきます。

目の前に広がるたくさんの選択肢の中から、何を選び、何を選ばないのかを決定する目標設定。とても大切な営みなので、「目標設定は大切だと思いますか？」と問えば「もちろん大切だよ」と多くの人が答えます。では、こちらの問いに対してはどう答えるでしょうか？

目標設定は好きですか？

筆者はこれまで、何度もブログや登壇資料で目標設定について取り扱ってきました。いただいたフィードバックの中に「そもそも目標設定なんかやりたくない」「偉い人たちが決めてくれよ」といった声があったことは、一度や二度ではありませんでした。

自分がこれまで所属していた組織でも、「目標設定って苦手なんですよね。やらなきゃいけないのでやってますが」という方が何人もいらっしゃいました。

私は目標設定の力を信じています。ワクワクした目標を設定することでチームがいきいきとする。いきいきとしたチームがワクワクと目標に向かい続けることでグングン成長し、周囲が、そして自分たち自身が驚くような成果を上げていく。そんな姿を自分が所属してきた組織で何度も目撃しています。

目標設定を起点にして成長しながらめざましい成果を上げていく。そんなチームが増えていったら、もっと素敵なサービス・プロダクトが世の中に登場してくる。そうしたら世の中がもっとハッピーになっていく。そんな風になったらいいなと思ったのが、本書を執筆するに至った動機です。

この本の対象読者

本書は、以下のいずれか、もしくは全部に当てはまる人のための書籍です。

- アジャイルチームのリーダー。特に、新しくリーダーに就任して、どのように目標やチームと向き合っているか悩みを抱えている人
- 目標と向き合うのが好きで、もっとうまくやりたい人
- 目標は大事なものだと思っているけれど、なかなかいい感じに目標設定できていない、と感じている人
- 目標設定は好きですか？　と問われて、思わず下を向いてしまう人

本書の構成

本書は「チームいきいき」という架空のチームが目標と向き合いながら成長し、目標達成に向かっていく過程を通して、目標設定および目標を達成するためのプラクティスについて解説していきます。

STEP1 ～ 2 が目標を設定するまで、STEP3 ～ 8 が目標を設定してからそれを追いかけ、達成するまでを描いています。

タイトルに「目標づくり」とあるのに、STEP2 で早くも目標設定までの解説を終えてしまうことに驚く方もいらっしゃることでしょう。この書籍では最初に目標を設定することと同じくらい、目標を追いかけていく過程を大切だと考えています。また、その目標を追いかけていく過程では、最初に設定した目標を見直していくことも起こり得ます。常に目標と向き合い続ける。目標を追いかける中で見えてきたことを目標にも反映させていく。目標は一度設定して終わりではなく、それを追いかけ続ける間ずっとアップデートし続けるものです。そういったプロセスをひっくるめて、本書で

は「目標づくり」と表現しています。

STEP1 では、目標設定を行う前に取り組んでおきたいチームビルディングについて解説しています。
STEP2 では、本書の主題である目標設定について解説していきます。
STEP3 では、目標設定にむけてチームで開発を進めるためのプロセス設計について触れています。本書では目標にむかう開発の進め方としてアジャイル開発を想定しており、この STEP では「目標づくり」という観点からアジャイルのプラクティスについて簡単に解説しています。
STEP4 では、マインドセットの転換について扱っていきます。著者序文の冒頭で述べたように、目標設定に苦手意識を持っている人は少なくありません。失敗から学び前進するためのしなやかなマインドセットを獲得する。そのための方法を解説していきます。
STEP5 では、チームがチームとして相乗効果を発揮するためのコラボレーション手段が主題です。チーム全体で目標と向き合い前進することを試みていきます。
STEP6 では、開発生産性にフォーカスしています。高い目標を達成するためには自分たちを成長させていくことが大切です。開発生産性とは何かについて知り、開発生産性指標を活用することのメリットや気を付けておきたい点について触れています。
STEP7 では、目標自体を更新しながら目標達成に向けて邁進していく取り組みについて、そして目標と向き合う中で大切なステークホルダーマネジメントについて解説しています。
STEP8 では、目標を達成した／達成しなかったあとこれまでの道のりをふりかえり、また新しい目標を目指していくためやっておきたいことについて描いています。

上記のように、目標達成に向けてチームが変化していく過程ごとに STEP を区切っています。それぞれのプラクティスは、その性質ごとにではなくそのSTEPに必要なものごとに紹介されています。たとえば「Fun／Done／Learn」「象、死んだ魚、嘔吐」はどちらもふりかえり手法ですが、効果を発揮する場面が異なるため本書においては別々のSTEPで紹介しています。

本書では扱わないこと

本書ではアジャイル開発（スクラム、XPなど）の実践について詳細な解説は行いません。アジャイル開発にどのように取り組めばよいか知りたいという方は『SCRUM BOOT CAMP THE BOOK』、『アジャイルなチームをつくるふりかえりガイドブック』、そして『アジャイルプラクティスガイドブック』などを参考にしていただければ幸いです。

また、本書ではチームでどのように目標と向き合うか、成果を生み出していくかということにフォーカスしています。そのため個人目標をどう扱うかということや、目標と評価をどう関連付けるとよいのかといった点についてはあまり触れていません。これらのトピックの一部はコラム執筆者のみなさんが素晴らしいコラムで取り扱っているので、ぜひそちらをご一読ください。

いきいきしてるか？

本書を手にとったみなさんがワクワクする目標を立てることに成功し、そこにむかってグングン成長しながらいきいきと開発し、最終的には目標達成までたどり着くことを願っています。いきいきしてるか？　俺はできてる。

アジャイルチームのリーダーになりました！

僕の名前はワタル。この会社に入社してから12年。3年前から在籍していた「チームいきいき」のリーダーを引き継ぐことになりました。

僕たちが開発しているのは、働く人をもっといきいきさせるためのヘルスケアサービス「ikky（いっきー）」。日々の運動の記録、ちょっとしたスキマ時間で気軽に取り組める運動の動画など、忙しい中でも運動の習慣をつけ、健康になる後押しをする機能を備えたコンシューマー向けのサービスです。ikkyのユーザー数は順調に増加しており、これからもっとサービスを伸ばしていくぞ！　というタイミングでのリーダー就任に身が引き締まる思いです。

僕がリーダーとして任命された「チームいきいき」は、前任のリーダーの頃からアジャイル開発を取り入れていました。リーダーに任命されたとはいえ、肩ひじをはらずこれまで「チームいきいき」がやってきたやり方で開発していこうと考えています。

新卒で入社してからずっとこのチームに在籍しているカモメさんは、僕よりチーム歴の長い信頼のおける仲間だし、イシバシさんはちょっと慎重すぎるけどそれが突っ走りがちのカモメさんといいバランスになっています。

不安材料がないわけではありません。エンジニア経験しかない僕がリーダーに就任するタイミングで、新しくサトリさんというベテランの方がメンバーとして参加することになりました。腕は立つらしいけれども何を考えているのかいまいち見えてこない彼と、はたしていいチームワークを築くことができるのでしょうか。

僕がチームリーダーになると発表されてから、妙にタッセイさんが張り切ってるのも気になります。かつてリーダー経験があるというタッセイさんは「ワタルくんがリーダーやるなら、絶対に目標達成しないとね！　私、全力でサポートするよ！」と大張り切り。ありがたいのですが、慎重派のイシバシさんとの間に少し温度差が生まれているような気がしてなりません。

そして最大の難問は、目標設定です。設定された目標を追いかけるのは得意です。でも、自分で目指すところを設定するのって、いったいどうやるんだろう……。

とまあ、いろいろ不安に思いながらも、今日はチームの顔合わせ。僕のリーダーとしてのキャリアが幕を開けます！

ワタルくん

新しく「チームいきいき」のリーダーに任命された。任された仕事を一生懸命やりきる姿勢には定評がある。リーダーとしてチームに関わることにプレッシャーとやりがいを感じている。

イシバシさん

チーム一の慎重派。納得感を重視し徹底的に議論することを好む。誰かの提案に対して冷静かつ慎重な判断をする。技術的なテーマが出てくると積極的にのってくれる。

エッラソーニ

「ikky」のステークホルダー。偉そうに物事を語る。「ikky」の達成状況に判断を下す。

タッセイさん

もともと企画畑だったタッセイさん。よく「こうすれば絶対できるよ！」「もうじき達成だよ！」と前向きな激を飛ばしている。自身も前向きな提案を行う。

サトリさん

ワタルさんのリーダー就任と同時に異動してきた大ベテラン。肯定もせず否定もしないその飄々とした態度から「サトリさん」の異名を持つ。ワタルさんに過去の経験からのアドバイスをする。

カモメさん

チームいきいきのリードエンジニア。新しいことに臆せずチャレンジする、チームの切り込み隊長。メンバーの提案に対して前向きなリアクションをしてくれる。

いよいよ僕も
チームリーダーだ！！

先輩がくれたアドバイス
読んでおこう
リーダーの心構え
・良い目標を設定すること
・目標に向かうモチベーションをもつこと
・チームをサポートすること

良い目標か！
がんばるぞ！

待てよ？　目標って
どうやって立てるん
だっけ

なんでその目標を
目指すんですか？
ワクワクする目標が
いいなー
ムムム

これじゃ達成は
難しいや
いいからタッセイ
しようよ！

ワアッ……!!

目標設定
もしかして難しい……

新しくチームに来る
サトリさんが詳しい
らしいけど
どんな人なの
かな……

おーい！　ワタルくーん
キックオフ始めるよー！
そうだった
今いくよ！

STEP 1
お互いを知ろう

STEP 2
ワクワクする目標をつくろう

STEP7

チームの外と向き合おう

STEP8

ゴールにたどり着いたその先に

コラム

STEP 1

お互いを知ろう

本書の主題は目標づくりです。自分たちで目指したいゴールを描いて、そのゴールを達成するまでの道しるべとして目標を立てる。目標づくりを通してチームが自律的に行動するよう動機づけされ、成長しながらゴールに向かっていくことができます。そして、そのためにはチームメンバー同士がお互いを知り、背中を預け合える関係になっていることが大切です。

リーダーになったワタルです！
よろしくおねがいします！

まずは目標だね！
高い目標を目指して
タッセイ！

私はタッセイさんに
賛成！

うーん……僕は
慎重にいきたいです

去年の
目標があるからそれを
ベースに……
去年をベースに⁉
このチームで何を
目指すの？

それは……

達成することで
何が得られるのか
はっきりさせたいです

細かいことはいいから
高い目標にしちゃおうよ！

みなさんお静かに！
あーどうしよう……

STEP 1-1

チームメンバーのことをまず知ろう

チームを構成するメンバーで、**全く同じ考え方・価値観を持っている人は一人としていません。**似ているようでも少しずつ異なった考え方を持っているのが人間です。昨今では数年ごとに転職することが当たり前になってきています。また、チームメイトの年齢・性別・国籍にばらつきがあることもめずらしくありません。このように人材の流動性・多様性が高まっており、異なるバックグラウンドを持った人同士でチームを形成することも増えてきました。そうすると、ある人にとって当たり前の考え方・行動が、他の人にとっては驚くようなものとして映るということが起こり得ます。

たとえば、アジャイルチームに所属している期間が長く、少しずつ繰り返し的に作りながら学んでいくことに慣れている人にとって、開発するプロダクトのスコープを絞り、小さいサイズでリリースしていくということは、好ましい行為に感じられるでしょう。

一方で、計画を作り込み、その計画を完璧に遂行することをよしとする文化でキャリアを積んできた人にとっては、頻繁に計画を変更したり、状況に応じて実装予定の機能をドロップしスコープを絞っていくやり方には違和感を感じるものです。

お互いの価値観を知らずに自分の価値観で相手の行動・判断を評価してしまうと、価値観の違いからコミュニケーションがすれ違ってしまったり、場合によっては感情的に衝突してしまう恐れがあります。

逆に、お互いの価値観や得意分野を理解し合っていると、共通の目標を追いかけるときに相乗効果を生み出しやすくなります。**一人では達成できない目標が、背中を預け合えるチームメイトとなら達成することができます。**

だからこそ自己開示を行い、お互いのことをよく知っておくことが大切なのです。

ジョハリの窓

サンフランシスコ州立大学の心理学者ジョセフ・ルフトとハリ・インガムによって提案された「ジョハリの窓」は、コミュニケーションにおける自己開示のあり方を分析するツールです。

- **開放の窓：自分が知っていて、他人も知っている**
- **秘密の窓：自分が知っていて、他人は知らない**
- **盲点の窓：自分は知らないが、他人は知っている**
- **未知の窓：自分は知らないし、他人も知らない**

図 1-1 ジョハリの窓

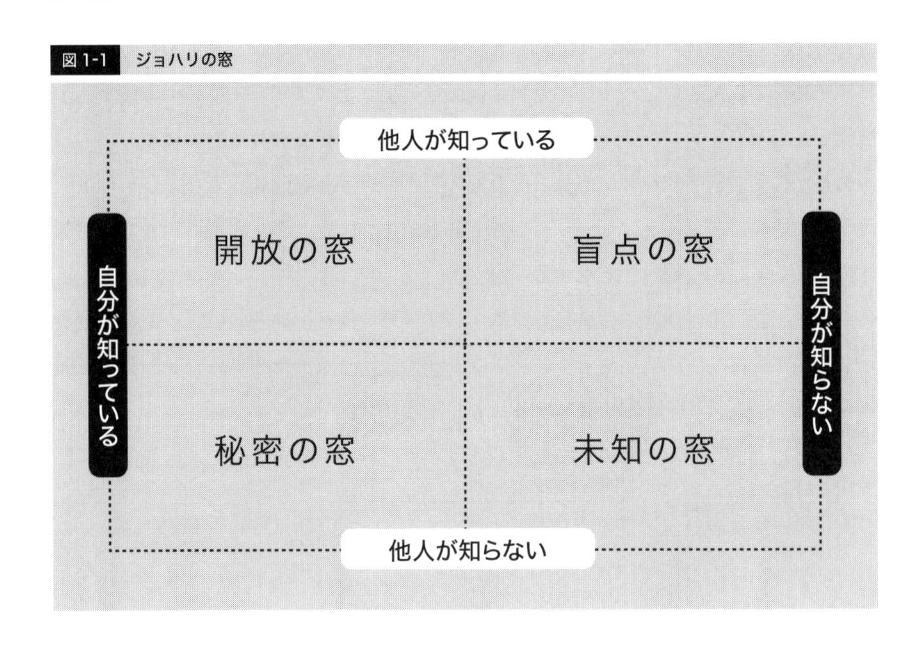

たとえば、あなたがチームに対して「私は音楽が好きです」ということを伝えていれば、それは自分もチームメンバーも知っていることなので、開放の窓に属する情報になります。一方で、音楽の中でも北欧のヘヴィメタルが好きであることをメンバーには開示していないということであれば、それは秘密の窓にしまいこんだ情報となり

ます。チームメンバーとのミーティングで気になる話題が出たときについつい掘り下げてしまう癖があり、それに自分では気がついていないとしたら、それは盲点の窓です。そして、未知の窓はその名の通り、自分も他人もまだ気づいていないことです。

チームが相乗効果を生みながら前に進んでいくためには、開放の窓はできるだけ大きいほうが好ましいです。相手を知っているという状況が親近感や信頼感を生みます。一方で、秘密の窓や盲点の窓は小さいほうが好ましい領域になります。そして、開放の窓を大きく、秘密の窓と盲点の窓を小さくすることで未知の窓は小さくなります。

お互いを知ることは、チームがひとつになっていくための大切な第一歩です。積極的に自己開示していきましょう。

偏愛マップ

最初に紹介するプラクティス「偏愛マップ」は自分の好きなもの、興味があることを書き出し共有するもので、お互いの相互理解を促すのに役立つツールです。教育学者の齋藤孝氏が提唱したこのツールは、目標づくりに直接関係があるものではありません。

では、なぜ本書においてこのプラクティスを紹介するのかというと、このツールがどんな現場においてもチームの相互理解を促すことに一役買ってくれる、とても強力なものだからです。

この偏愛マップには好きなもの、興味があるもの、最近力を入れて取り組んでいるものなどを列挙していきます。決まったフォーマットはありませんし、どんな項目を書くのかさえ自由です。「好きなもの、興味があるもの、気になっていることを列挙してください」と言われて頭に浮かんだものを、自由に書き出していきましょう。本書で紹介している例では、中央に自分自身の似顔絵や写真などを配置し、周辺に興味がある項目のカテゴリを並べ、そのカテゴリの周辺に自分が偏愛している具体的な物事を記載しています。どういう風に偏愛マップを作るのがよいかわからない場合は、まずこちらを参考に作成してみてください。

図1-2 偏愛マップの例

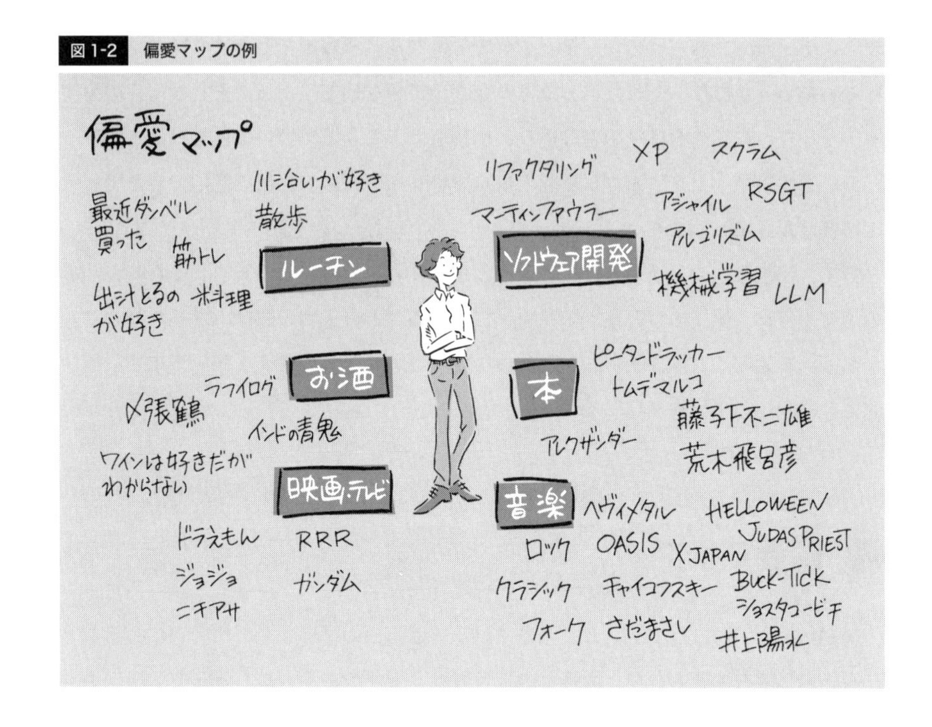

このプラクティスはチームを立ち上げるタイミングやチームメンバーが入れ替わるタイミングなど、まだお互いのことをよく知らない状況で大きな効果を発揮します。自分と同じ趣味を持った人物であることがわかれば心の距離がグッと縮まりますし、自分が知らない領域について詳しい人物であれば異なる考え方、視座を持っている人だということを理解できます。

偏愛マップは、ジョハリの窓における「開放の窓」を広げる役割を持っています。

会ったばかりのチームメイトに対して自己開示を行うのは少し気恥ずかしい部分もありますが、「偏愛マップ」であればゲーム感覚で取り組むことができるので、比較的取り組みやすいワークです。たとえば、個人名を伏せた状態で偏愛マップを共有し、それが誰のものなのか当ててみる、のように共有方法を工夫することで、楽しみながら相互理解を深められます。

STEP 1-2

インセプションデッキで前提を揃える

インセプションデッキ

プロジェクト / プロダクトで達成したい目的、目標や優先順位、リスクなどが端的に整理された「インセプションデッキ」。書籍『アジャイルサムライ』1-1 を筆頭に、様々な書籍や記事で紹介されているため、ご存じの方も多いかもしれません。

インセプションデッキは、以下の 10 個の問いに対して答えることで作り上げていきます。

1. われわれはなぜここにいるのか
2. エレベーターピッチ
3. パッケージデザイン
4. 「ご近所さん」を探せ
5. やらないことリスト
6. 夜も眠れない問題
7. トレードオフスライダー
8. 技術的な解決策
9. 期間を見極める
10. 何がどれだけ必要か

インセプションデッキは、出来上がったインセプションデッキも大切な成果物ですが、それを作り上げていくその過程に大きな意味があります。

「自分たちのチームって何のために存在してるんだっけ？」「目指すゴールってなんだったっけ？」

いざ問われてみると明確な答えが自分の中にないことや、自分と他のメンバーとでは全く異なることを考えていることに気づけます。お互いに知らないということを知り、あらためてチーム内で対話を重ね、共通認識を形成していきます。

図 1-3　インセプションデッキ

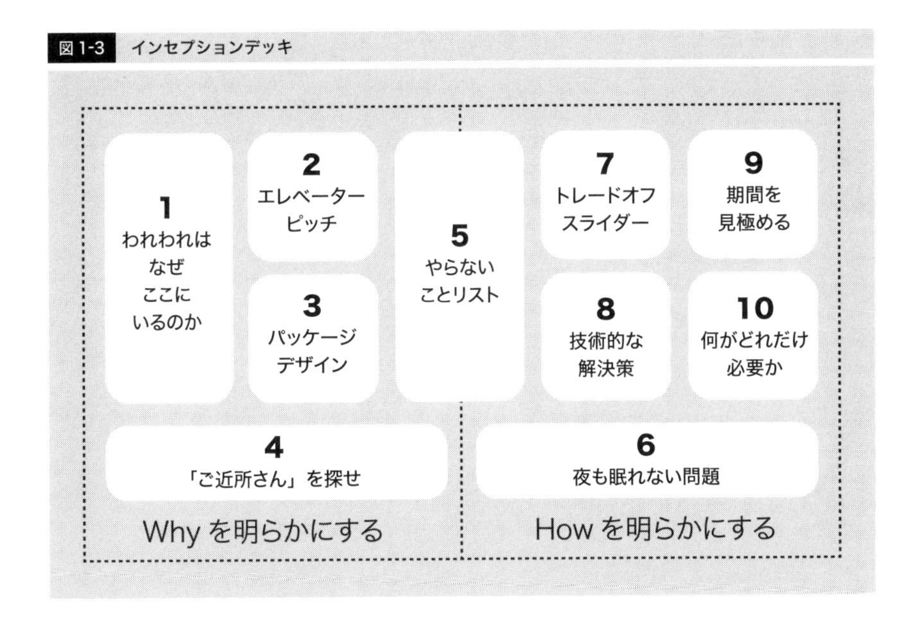

10個の質問すべてに回答しようとすると、半日～数日程度のそれなりにまとまった時間が必要になります。**まずは小さく始めるために、1～2時間程度で実施できる程度に項目を絞って作成する**、というのも作戦としては有効です。

項目を絞って作成する場合は、今チームが抱えている課題や、チームとして共通認識を形成しておきたい部分が何かを明確にし、そこにフィットする項目を選択するとよいでしょう。チームが立ち上がったばかりの時期は、なぜチームが存在しているのか、チームが解決したい課題は何か、という存在意義の部分がまだ固まっていません。そういった状況ではWhyを明らかにする項目を中心に作成するとよいでしょう。逆にチームのWhyが明確になっていて、どのように開発を進めるか試行錯誤している段階であれば、Howを明らかにする項目が活きてきます。

たとえば、このSTEPでの目的は、チームとして前提を揃えることです。まずはそこにフォーカスし、「1. われわれはなぜここにいるのか」でチームのミッションを描き、「2. エレベーターピッチ」でプロダクトを短く説明する文言をつくり、「7. トレードオフスライダー」でチームとしての優先順位づけを行うだけでも、目標に向かうために揃えておきたい前提をおおむね揃えることができます。もうひとつおすすめなのが、「5. やらないことリスト」の作成です。チームが取り組むべきタスクについて指針を持つことができ、新しい状況が目の前に現れたときに「これは自分たちが取り組むタスクなんだっけ？」と悩まずスムーズに意思決定できるようになります。

図 1-4　項目を絞ってインセプションデッキを作成した例（矢印は作成順）

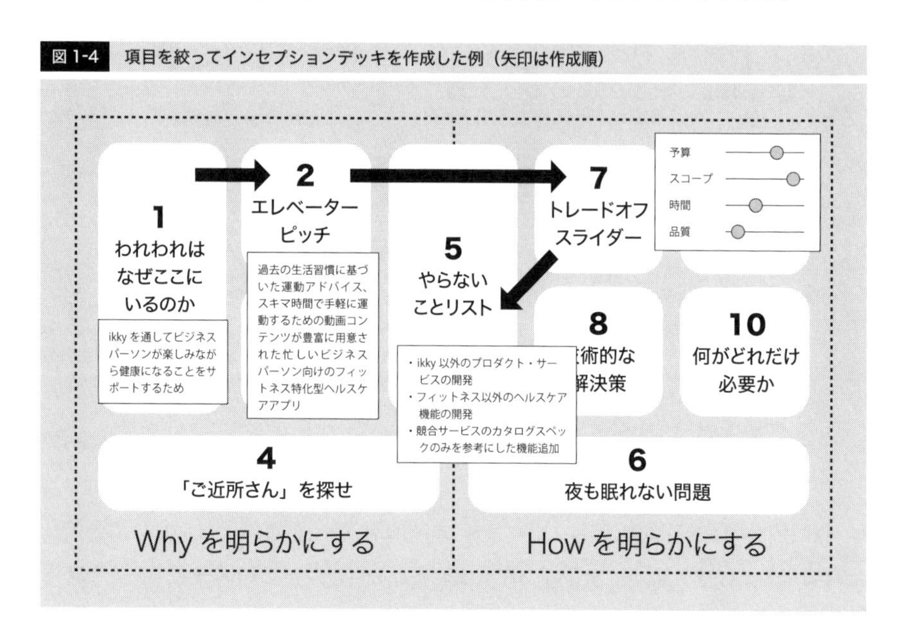

なお、どのように作るかについては定義されていません。自分たちがやりやすいやり方でやってみましょう。ここでは、とっかかりとなる「1. われわれはなぜここにいるのか」の作り方の一例を紹介します。

1. チームメンバーそれぞれが考える「1. われわれはなぜここにいるのか」を書き出す
2. 個人の「われわれはなぜここにいるのか」を共有する
3. 類似した内容同士でまとめ、グルーピングしていく
4. なぜそれを大切にしているのか皆で話し合う
5. チームとしての「1. われわれはなぜここにいるのか」を言語化する

このように、まず個人の考えを共有し、そこからチームとしての共通見解を作り上げていくことで、**チームメンバーの方向性を揃えることができます。**

インセプションデッキを更新してチームを同期させる

このインセプションデッキに関しておさえておきたい重要なポイントがあります。それは、**インプションデッキは石碑に刻まれた不動のものではなく、チームを取り巻く状況やチーム自身の状態によって変えていくべきものだ**ということです。

チームの中心にプロダクト開発がありプロダクトが続く限りチームも続いていく状況では、チームはある程度長い期間生存していくことになります。そのライフサイクルの中でメンバーの入れ替わりが発生していきます。

すると、**チームの最初期から参加しているメンバーにとっては当たり前になっていることが新しいメンバーにとってはそうではない、というズレ**が生じていきます。言語化されていないために、新しいメンバーは何か違和感を覚えながらもそれを言葉にできないでいる。昔からいるメンバーからすると、新しいメンバーがなぜ「当たり前」の考え方、そこからくる行動ができないのか理解できない。こうしてチーム内に溝ができてしまいます。

図 1-5　価値観が共有されていない状況

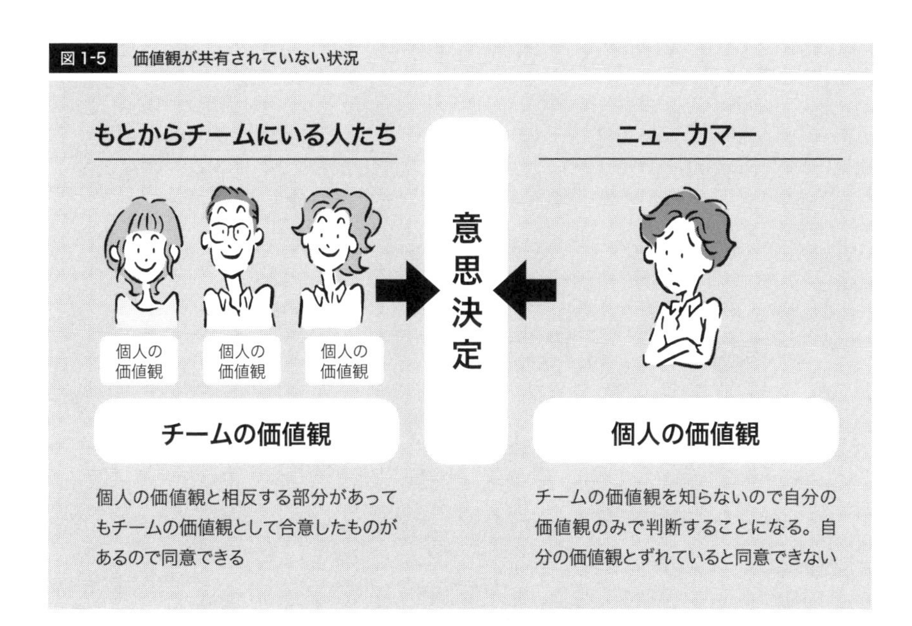

こういったズレを解消するためにも、インセプションデッキを更新していくことをおすすめします。更新タイミングですが、少なくとも新しいメンバーが参加したときには実施しましょう。ただ、メンバーが入れ替わらない場合でもチームを取り巻く状況や自分たち自身が変化することは十分にありえることです。そのため、たとえば四半期に1回、長くても半年に1回くらいはインセプションデッキを更新する機会を設けておくとよいでしょう。

あらためてインセプションデッキと向き合った結果、特に変更がなければそのままでかまいません。「変わっていない」ということを再確認すること自体がチームの方向性を揃える上で重要です。

図 1-6 インセプションデッキの更新

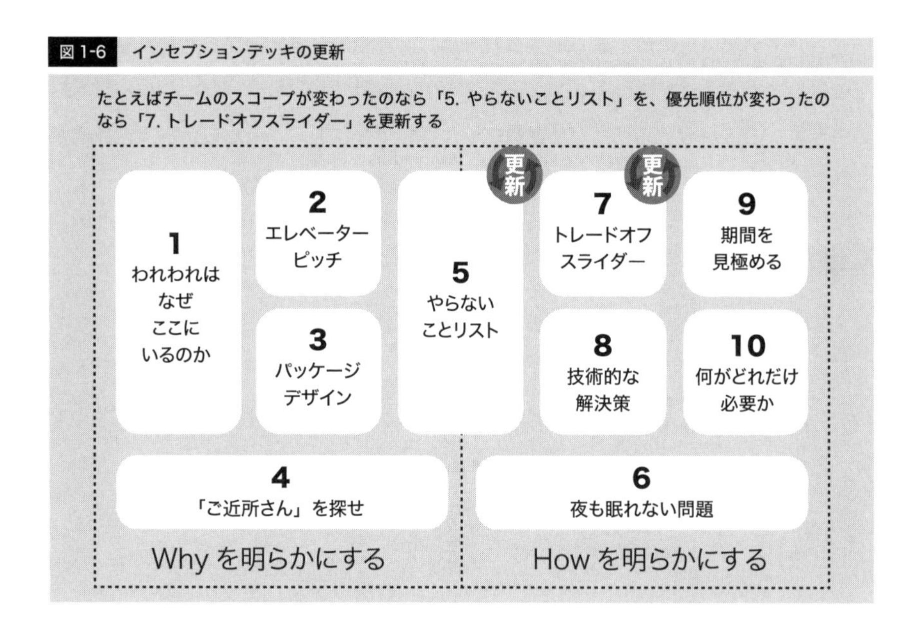

インセプションデッキの作成・更新プロセスは価値観のぶつけ合いが伴うプロセスです。だからこそ、自分が考えていることを遠慮せず発言し、対話していくことが大切です。

たとえば、チームいきいきの中で「ikkyに限らず、ユーザーが健康になるためのことはなんでもやりたいです」という発言があったとします。やらないことリストの中に ikky 以外のプロダクト・サービスの開発が明記されているのであれば、その想いを叶えるためにはやらないことリストのアップデートが必要になります。チームとして話し合い、引き続き ikky以外の開発はスコープ外と決定した場合、結果的にやらないことリストは更新しないと判断することになります。そこに手をつけたいと考えていたメンバーとしては、少し残念な気持ちになるかもしれません。**しかし、「誰かが残念な思いをしてしまうかもしれない」ということに気を配り対話を避けてしまうと、チームの焦点がぼやけることになります。勇気を持って自分たちがフォーカスする事柄を選び取っていきましょう。**

なお、最初にインセプションデッキを作成した際に項目を絞って作成していた場合、更新のタイミングで新しい項目を追加するのもよいでしょう。たとえば、チームで開発を進める中で手戻りが頻発したり、メンバーが不安になるようなリスクが見え隠れしたりする状況であれば、「6. 夜も眠れない問題」について話し合うことでリスクを見える化し、対処していけるようになります。

STEP 1-3 背中を預け合う関係をつくる

「偏愛マップ」でお互いの人となりを知り、「インセプションデッキ」の作成を通してチームとしてのあり方について共通認識を作り上げました。ここで紹介する「ドラッカー風エクササイズ」は、お互いの強みを知り、チームワークを発揮して相乗効果を生み出すための素地をつくるプラクティスです。

この手法では、次の4つの質問をチームで共有します。

- **自分は何が得意なのか？**
- **自分はどうやって貢献するつもりか？**
- **自分が大切に思う価値は何か？**
- **チームメンバーは自分にどんな成果を期待してると思うか？**

表1-1　チームいきいきの「ドラッカー風エクササイズ」

	ワタル	カモメ	イシバシ	タッセイ	サトリ
自分は何が得意なのか	ファシリテーション フロントエンド開発	フロントエンド開発 BIツールを活用した分析	バックエンド開発 CI/CD	他チームとの調整ごと	フロントエンド開発 バックエンド開発 アジャイル
自分はどうやって貢献するつもりか	リーダーとしてチームをリードしていきます！	チームが新しいことにチャレンジするのをひっぱっていく！	美しいコードベース、美しいテストを作ります	目標達成のためにみんなを後押しするよ！	早くこのチームのやり方をキャッチアップし、自分の経験を活かし、貢献していきたい
自分が大切に思う価値は何か	やりきること。ユーザーの人生を変えること	新しいことへのチャレンジ。ユーザーに喜んでもらう！	適切なエンジニアリングをする	目標達成!!	ユーザーへの価値貢献。求められることに対して変幻自在に適応する
チームメンバーは自分にどんな成果を期待していると思うか	チームをリードして、いいプロダクトづくり、目標達成を実現すること！	びっくりするような新機能の開発！	着実に開発しコードベースをきれいにすることですかね	ムードメーカーかな。あと、目標達成に向けた他のチームとの調整！	私がどのような人間かまだご存知ないと思うので、自分の得意分野であるアジャイルなどで実績を出し、そこに期待してもらえるようになりたいですね

先立ってインセプションデッキで自分たちのミッション、ビジョンを言語化していると、自分の得意分野がチームに対してどのように貢献できるかイメージしやすくなります。そのため、まずインセプションデッキを作成し、そのあとドラッカー風エクササイズを実施することをおすすめします。

Disagree & Commit

ドラッカー風エクササイズでお互いが大切にしている価値を共有することで、チームの中に存在する価値観のギャップに気づくことができます。あるメンバーは一人で没頭して開発する環境に価値を感じていて、他のメンバーはチーム全体で協働しながら前に進むことに価値を感じている。こういったギャップがある部分については、お互いの意見をしっかり示し、チームの方針を話し合いましょう。

最終的にチームとしてのふるまいをひとつの方針に決定するわけなので、その方針に賛成できないメンバーも出てくるでしょう。ですが、チームとして最終的に決定した方針には全員でコミットすることが大切です。そして、自分が反対している意見にコミットするためには、徹底的に意見を交わし合うことが必要です。こうして話し合い、最終的にチームとしてコミットすることを **Disagree & Commit** と表現します。

お互いの本音をさらけだし、妥協せずに意見をぶつけ合うような議論を行うことは、チームに緊張感をもたらします。ピリッとした空気がチームに流れると、ついそれをうやむやにして、衝突をやり過ごしたくなります。ですが、本来そこに存在している対立をなかったことのように取り繕っても異なる意見が交わることはありません。「今回はこれでいくから、いいね」と方針を押し通しても、表面上は同意して実際には行動しない、静かな不同意が待っているだけです。**同僚と対立する不安感、恐怖を乗り越えて本音をぶつけ合い、徹底的に意見を交わし、Disagree & Commit を実行していきましょう。**

なお、Disagree & Commit を実行するためには、次のポイントをおさえておくことをおすすめします。

- 全員が自分以外のメンバーの意見を理解しようという姿勢で場に臨む
- 参加している全員の声を聞く
- 客観的なデータに基づいて判断する
- 意思決定プロセスの透明性を担保する

 ワーキングアグリーメント

ワーキングアグリーメントは、チームが協力して仕事を進める上で守るべきルールや基準、行動様式を共有するための合意事項であり、チームとしての価値観に基づいて作成されます。チームメンバーに期待する行動を明文化することで規範が生まれますし、「あれ、こういうときどうすればよいんだっけ？」と悩む必要がなくなります。

[ワーキングアグリーメントの例]

- 毎日の朝会では、ちょっとした気になってることも共有しよう
- モブプロをやるときは 30 分に 1 回ドライバーを交代する
- 想定外のことがあったらすぐチームのチャンネルで共有する
- 質問歓迎！　手を止めるくらいなら質問しよう
- 本番リリースの作業は二人でやる
- チャットツールのメンションは気を使わずちゃんとつけよう

これもインセプションデッキと同じく、もとからそのチームに所属しているメンバーにとっては当たり前のことを言語化するプロセスになるかもしれません。朝会には全員参加するのが当たり前だよね、開発中に気がついたことがあればタスクを起票するのは当然だよね、インシデントが発生したらまず集まるものだよ。**そういったチームにとっての当たり前は、新しいメンバーにとっては当たり前じゃない可能性があります。**新しいメンバーが自分たちの想定と異なる行動をとっているところ、戸惑っているところはワーキングアグリーメントとして明文化しておく価値があります。また、メンバー間同士で価値観が割れているところ、放置していると期待通りの行動にならないところは、ワーキングアグリーメントが効果を発揮しやすいポイントです。

なお、このワーキングアグリーメントについては定期的に見直すことをおすすめします。新しい項目の追加もですが、チームにとって不要になったもの、言語化せずとも自然に行動するくらいチームに浸透したものなど、チームとしてワーキングアグリーメントとして明文化しておく必要はないと判断できたものは削除し、チームメンバーが「ワーキングアグリーメントはなんですか？」と聞かれたときに思い出して回答できるくらいの分量を保っておきましょう。

References

1-1 『アジャイルサムライ―達人開発者への道』ジョナサン・ラスマセン（2011、西村直人・角谷信太郎 監訳、近藤修平・角掛拓未 訳、オーム社）

目標達成マシンにならないために

芹澤 雅人
Masato Serizawa
株式会社 SmartHR
代表取締役 CEO

仕事に限らず、人は生きていく上で実に様々な目標を立てます。新年を迎えたとき「今年はこういうことをするぞ」と心の中で誓う人は少なくはないでしょう。

人は自分が現時点で出せるギリギリの能力で作業をしているときに、モチベーションが最も高くなると言われています。つまり、適切なストレッチ目標を設定することが、人をやる気に駆り立てるという点で非常に大切であり、その結果として、本人すら想像もしなかったような大きな成果につながっていくのです。

僕個人としては、ストレッチ目標の設定もそうですが、そこからさらに目標達成のステップを細かく分解し、日々の習慣として組み込んでいくやり方が好きです。『ジェームズ・クリアー式 複利で伸びる１つの習慣』という本によると、アイデンティティとは「繰り返す存在」であり、習慣をコントロールすることで自分自身を変化させ、理想の形に近づいていくのだそうです。塵も積もれば山となる、と言ってしまえばそれまでですが、小さなことでもコツコツと積み重ねていけばやがて理想を手に入れることができるという考え方は、大きな夢を意識しすぎて一歩目を踏み出せず、何者にもなれないと嘆くより幸せな気がします。

一方、そんなスモールステップの目標にしろ、注意すべきことは、人はすぐに主客を転倒させてしまう生き物であるという点です。

僕も少し前に、知識量を増やすべく「毎月４冊の本を読む」というノルマを課して読書習慣を作っていた時期がありました。この取り組みを始めた当初はそれなりにワークしていたのですが、だんだんと「月４冊読むマシン」となり、ついつい本を読み飛ばしがちになったり、読みやすい本を手にとるようになってしまっていることに気がつきました。まさにグッドハートの法則で言われている「計測結果が目標になると、その計測自体が役に立たなくなる」です。

ふとそれに気がついたとき、自分のやりたいことは読んだ本の数を稼ぐことではなく、本の内容を血肉化することであるということを思い出し、やり方を変えようと考えました。そこで始めたのが、友人と本を紹介し合うポッドキャスト「読んでみてはラジオ」です。

定期的にお互いに本をおすすめし合うことで、「人に伝える」ということまで意識した読書ができるようになり、結果、一人で黙々と本を読んでいたときより遥かに知識量が増えた感覚を得ています。この事象から僕が学んだことは、数値目標を達成するということだけでなく、きちんとその先にあるアウトカムまで意識して、そこにつながるような行動を心がけることが大切だということです。もちろん、それを言い訳に目標をコロコロと変えるのもよくないですが、適切なふりかえりポイントを設け、一度決めた目標に固執しすぎず、必要に応じてやり方を変えていく柔軟性を持つのがよいのだと思います。

今はもっぱら、ポッドキャストの再生数とフォロワー数に目がいってしまっている自分に、自戒の念を込めて。

STEP 2

ワクワクする
目標をつくろう

目標を設定する。これは誰がやるべき仕事でしょうか。組織やチームには達成したいこと、生み出したいバリューがあります。では、目標は組織を運営している立場の人たちが考え、所属するメンバーはただそれに従えばよいのでしょうか。そうではありません。組織全体の目標は大切にしつつ、その上で自分たちで向かうべき先や達成したいことを考え、能動的に目標を設定していくことが大切です。このSTEPでは目指さずにはいられないワクワクする目標を設定するための取り組みについて扱っていきます。

目標どうやって
決める？
まずはボクが
決めてみるよ

うーん……

あれ？　カモメさん
何か気になる？

人が決めた目標って
あまりワクワクしない
んだよね

じゃあ　チームみんなで
決めていこーよ！

賛成！

でも目標って
どうやって決めていけばいいん
でしょう……？

うっ……それは
ワタルくんがうまく
リードしてくれるよ
ね？

え？　ああ
それはもちろん……
でもみんなが
ワクワクする
いい目標
作れるかな……

よかったら
お手伝いしま
しょうか？
サトリさん！
ぜひー！

STEP 2-1

目標設定は「SMART」に

「SMARTな目標設定」は今日では多くの組織で活用されているため、みなさんも聞いたことがあるかもしれません。SMARTは以下のように定義されています(※2-1)。

- Specific：改善する領域を具体的に定めている
- Measurable：定量的であるか、少なくとも進捗を示す指標がある
- Assignable：誰が取り組むのか明確にする
- Realistic：利用可能なリソースの中で達成が現実的であることを示す
- Time-Related：いつ結果が達成できるのか明らかにする

Specific（改善する領域を具体的に定めている）

何を改善したいのか具体化しておくことで、目標達成に向けてとるべき行動を明確にすることができます。なお、その目標を設定するレベルによって、どの程度具体化するのがよいかは変わってきます。たとえば、事業レベルでは「今年度中にシェアNo.1を勝ち取る」という比較的抽象度の高い目標がフィットしますが、チームレベルではもう少し具体的な落とし込みをしたいところです。新規ユーザー獲得が責務であるチームなら新規ユーザー獲得のための新機能開発などが目標になってきますし、既存顧客の満足度向上を担うチームであれば顧客満足度の向上、解約率低下などが具体的な目標になってくるでしょう。

Measurable（定量的であるか、少なくとも進捗を示す指標がある）

自分たちが目標に対して順調に推移しているのかどうか測定することは重要です。順調であればそのペースを保つよう行動し、そうでなければ新しい打ち手を考えていくきっかけになります。

MAU（Monthly Active Users：月間アクティブユーザー数）の向上や年間の新機能リリース数など目標自体を数値で表している場合は、進捗を測定することは難し

※2-1　ジョージ・T・ドランの論文『There's a S.M.A.R.T. way to write management's goals and objectives』による

くありません。ですが、ブランドイメージの向上やイノベーションの促進など、定量的に評価することが難しい目標も存在しています。そういった場合は望ましい状態になっていることを示す指標を設定しその進捗を追う、という方法があります。たとえば、ブランドイメージであれば顧客ロイヤリティを計測するNPS（Net Promoter Score)、イノベーションの促進であれば特許申請数やプレスリリースの数などを目標達成を推し量る数値として設定できます。

Assignable（誰が取り組むのか明確にする）

その目標に取り組む人物を明確にしておけば、目標が宙に浮いてしまい誰もそこにコミットしないという状態を防ぐことができます。このAssignableのポイントは目標にコミットしている人を明らかにするということで、単一の人物に目標を割り当てるということではありません。チーム全員が同じ目標に対してアサインされており、目標を共同所有しているという状況もありえます。筆者の経験では、チームの目標を個人ごとに分割して持つより共同所有したほうが目標達成率が向上していました。

Realistic（利用可能なリソースの中で達成が現実的であることを示す）

それを達成することが可能だと信じられるかというのは、目標を追いかける上で大切なポイントになります。たとえばMAU1,000万のWebサービスに対してMAU1,500万まで伸ばしたい、となったときに、新機能を開発するリソースや広告費などが潤沢にあれば、どうやら達成できそうだという目処がつけられます。一方で最低限の運用体制しか持っていない場合、そこからMAUを伸ばしていくという目標は絵空事に思えるでしょう。その目標を追いかける人々が本気で信じられる目標であることが大切です。

この「達成すると信じられる目標」を設定するときに意識しておきたいのが、特に何もしなくても達成できる、置きにいった目標にせず、ちょっと尻込みしてしまいそうだけど決して不可能ではない、そんな塩梅の目標を立てることです。エドウィン・ロックとゲイリー・レイサムにより提示された目標設定理論の中でも、具体的で挑戦的な目標がチームの高いパフォーマンスを引き出すとされており、ワクワクしながら目標に向かっていくきっかけになります。

Time-Related（いつ結果が達成できるのか明らかにする）

目標達成の期限を設定しておくことで集中力が生まれます。また、期限があることでその目標が現実的なものかどうか判断することもできます。たとえばアーリーステージのスタートアップで「業界のトップシェアをとる」という目標を掲げたとき、中長期的な目標としてはモチベーションを駆り立てるものとして機能します。ですが、その業界で先行する競合が存在している状況で１ヶ月以内の達成を目指すとなったら本気で信じられる人はいないでしょう。

自分が知ってるSMARTと違うけど？

カモメ：あれ？　そういえば私が知ってるSMARTは、AはAchievable（達成可能）だったような……

サトリ：いいところに気がつきましたね。SMARTは多くの組織で活用されていることもあって、様々なバリエーションが存在しています。カモメさんがおっしゃっているようにAがAchievableの場合もあれば、RがRelevant（関連性）であることもあります。トップダウンで目標設定を行い、組織の目標から個人の目標までをしっかりとつなぎこみたい組織ではRelevantが採用されていたりします

ワタル：なるほどー。それぞれの現場で自分たちにあわせて進化してきてるんですね。おもしろい！

STEP 2-2

大事な目標への集中力を生むOKR

目標設定フレームワーク OKR（Objectives and Key Results）は組織が目指すべきゴールを明らかにします。

Objectives とは、何を達成するべきかです。Key Results とは、目標の達成状況を示す指標です。

世界中で広く使われている目標管理手法に MBO (Management By Objectives) がありますが、OKR はこの MBO をもとに作られたものです。アンディ・グローブがインテル社で目標設定をうまく機能させるために、MBO を成功させるための 2 つの質問を定義したものが OKR です。『HIGH OUTPUT MANAGEMENT 人を育て、成果を最大にするマネジメント』[2-1] では以下のように定義されています。

1. わたしはどこへ行きたいか？（その答えが “ 目標 ” になる）

2. そこへ到達するためには自分のペースをどう決めるか？（その答えがマイルストーン、すなわち “主要成果（キーリザルト）” になる）

図 2-1　OKR 概要図

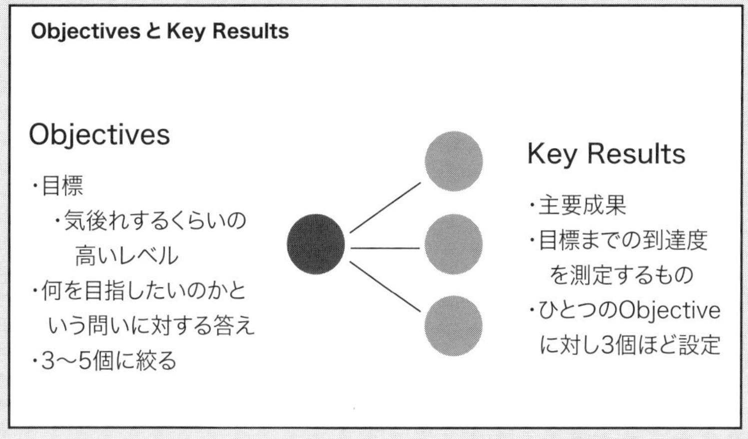

Objectives と Key Results

Objectives
・目標
　・気後れするくらいの高いレベル
・何を目指したいのかという問いに対する答え
・3〜5個に絞る

Key Results
・主要成果
・目標までの到達度を測定するもの
・ひとつのObjectiveに対し3個ほど設定

 チームのありたい姿を描くObjectives

SMART の項目で紹介した目標設定理論では、「困難な目標」のほうが楽な目標よりパフォーマンスを高めるのに有効であるとしていました。OKR の Objectives も気後れするような高い水準で設定することがよいとされています。SMART の Realistic の項目で触れた「ちょっと尻込みしてしまいそうだけど決して不可能ではない、そんな塩梅の目標」を「ストレッチゴール」と呼びますが、OKR ではまさにこのストレッチゴールを設定することが推奨されているのです。ひとつの基準として、めいっぱい努力して最終的に 70% 程度の達成率に着地すると、適度にチャレンジングな目標になっているといえます。逆に、どの目標も 100% 達成できているようだと、チャレンジング度合いとしては少し物足りないものだったということになります。

もちろん、目標はただ困難であればよいというわけではありません。困難であっても達成したいと思えるように動機づけするためには、達成によって社内外にインパクトを与えられる、報酬が得られる、自己実現欲求を満たすことができるといったことが前提になります。

[チャレンジングな目標の例]

チームいきいきの目標（Objectives）

- O1：ikky ユーザーの運動・スポーツ実施率が 70% 以上になっている
- O2：ikky がフィットネスアプリのデファクトスタンダードになっている

『令和 4 年度「スポーツの実施状況等に関する世論調査」の結果について』(※ 2-2) によると、週 1 日以上の運動・スポーツ実施率は 52.3%。半数以上が運動・スポーツの習慣を持っていると考えると悪くない数値に思えますが、実はすべての年代層で前年度を下回っているという課題があります。第 3 期スポーツ基本計画では「成人の週 1 回以上のスポーツ実施率が 70% 以上になること」を目標に掲げていますが、そのまま放っておくと達成が難しいことは想像に難くありません。

※ 2-2 https://www.mext.go.jp/sports/b_menu/houdou/jsa_00133.html

ikkyを利用しているユーザーの運動・スポーツ実施率が70%を超えていたとしたら。そしてikkyが多くの成人に利用されていったとしたら。おそらく国が掲げる目標を後押しすることになるため、これは社会的意義が大きい目標になります。また、国の目標に影響を与えるくらいの数値目標だと考えると、1つ目のObjectiveは十二分にチャレンジングなものだといえます。

2つ目のObjectiveは「フィットネスアプリのデファクトスタンダードになっている」としています。チームいきいきでは、ikkyを通してビジネスパーソンが楽しみながら健康になることをサポートしたいと考えています。ikkyを使うユーザーが実際に行動を変容してくれるのであれば、ikkyを使うユーザーが増えれば増えるほど行動を変容し健康に近づく人が増えることになります。1つ目のObjectiveと2つ目のObjectiveが達成されることで、スポーツ実施が習慣化し、楽しみながら健康に近づく人が増えていくことになります。

なお、Objectivesはチームのありたい姿を描くという特性上、定性的な表現になることがあります（チームいきいきで設定したObjectivesは、O1が定量的なもの、そしてO2が定性的なものでした）。定性的なものは達成しているかどうかの測定が難しく、だからこそ定量的なKey Resultsを成果指標として設定する意義があります。

Q & A　チャレンジングな目標に上司は納得するのか？

100%達成しない、ということにエラッソーニさんは納得するかなぁ

目標に対する達成率ではなく、実際に達成した尺度で見ていくよう説明してみましょう

そうか、目標の達成率ではなくスポーツ実施率で見るんだよ、ということをエラッソーニさんにもわかってもらえばいいのか

 目標ハックに気をつける

チャレンジングな目標を設定するときに気をつけておきたいのが、とにかく数値の面でチャレンジングな目標にすることにこだわりすぎないことです。たとえば、SaaS（Software as a Service）のスタートアップ企業ではT2D3という指標があります。これはTriple、Triple、Double、Double、Doubleの頭文字をとったもので、売上額を毎年3倍、3倍、2倍、2倍、2倍で成長させていくこと理想とし、スタートアップの成長スピードを測る指標です。

高い成長率を維持すること自体がビジネスモデルの妥当性、スケーラブルであることを示してくれること、これだけのハイペースで成長させることで市場における立ち位置を確立できることなどから、スタートアップにおいて重要な指標となっています。

急速な収益成長によって投資家に魅力を感じてもらう、迅速に成長することで市場での地位を早期に確立する、といったこの指標の意味を知ってT2D3の成長を追いかけることには大きな意味がありますが、「T2D3での成長を目指すといいらしいからT2D3を目指そう」という目標の置き方になると本質を見失ってしまいます。本質を見失うと、数値の達成のみを目的化した目標ハックが発生してしまいます。

極端な例でいうと、売上を伸ばすために採算度外視で広告を大規模展開する、といった行動が目標ハックの例になります（もちろん戦略的に採算を無視した投資を行うことはありえます。戦略がない状態で目の前の目標にふりまわされると危ないよ、という例示になります）。

ikkyの「運動・スポーツ実施率が70%以上になっている」という目標で考えると、人々に健康になってもらいたいという真の目的を無視してとにかく実施率を上げようとしたときに目標ハックが発生します。運動・スポーツの定義を変えて、1日に1,000歩以上歩いていれば運動・スポーツを実施しているとみなした場合、おそらく「実施率70%」という目標は達成できるでしょう。**けれども、そんな数字遊びをしたところで世の中はひとつもよくなりません。目標達成自体の目的化を避け、本当に成し遂げたいことが何かを常に問いかけ続けましょう。**たとえば、Objective「運動・スポーツ実施率が70%以上になっている」が意味しているところは「国が掲げるスポーツ

基本計画の目標につながる」ということなので、それにつながることがわかる文言にObjectiveを変える、目標達成率を確認するタイミングで必ず「スポーツ基本計画の達成につながっているか？」を問う、といったアプローチが考えられます。

昨対比目標の意義

売上目標やリリース数目標に対して、昨対比で120%成長を目指す、といった目標の立て方をすることがあります。さきほど紹介したT2D3の場合、そのスピードで成長することが投資家にとって魅力的である、市場での地位確立に有効であるといった目指すべき理由があります。このように「なぜ昨対比◯◯%成長を目指すのか」といった理由がはっきりしているのであればよいのですが、**組織の慣例として、◯◯%成長を目指すことになっている、など理由が不明瞭な場合は注意が必要です。**

なぜその成長率を目指すのかが明確でなければ、その目標を追いかけるメンバーが納得感を持つことは難しいでしょう。

また、昨年度と今年度でどのような市場環境の変化があるのか分析せず数値を設定する、という点も不安要素です。昨年度、たまたま市場に追い風が吹いていた状況であったとするなら、その数値を基準として成長目標を立てることは現実的ではないかもしれません。

「こういう風に目標設定するのが慣例だから」「なんでかは知らないけれど、先輩からこうやるって聞いてるから」。そんな風に、なぜその目標なのかを考えず設定してしまえば、そこで目標づくりは終了です。その目標を達成することで得られる価値、解決される課題は何かを常に問いかけ続けましょう。

STEP 2-3

チャレンジングな目標を立てる

SMART な目標設定では「それを達成すると信じられる目標を設定しよう」といっておきながら、達成が難しいストレッチゴールを設定することが望ましいというのはどういうことなのでしょうか。OKR においては Realistic の「達成すると信じられる」は、将来的な自分たちの成長、事業やサービスの伸びしろを見込んで考えるとよいでしょう。

図 2-2　今の自分たちの力では達成できないチャレンジングな目標

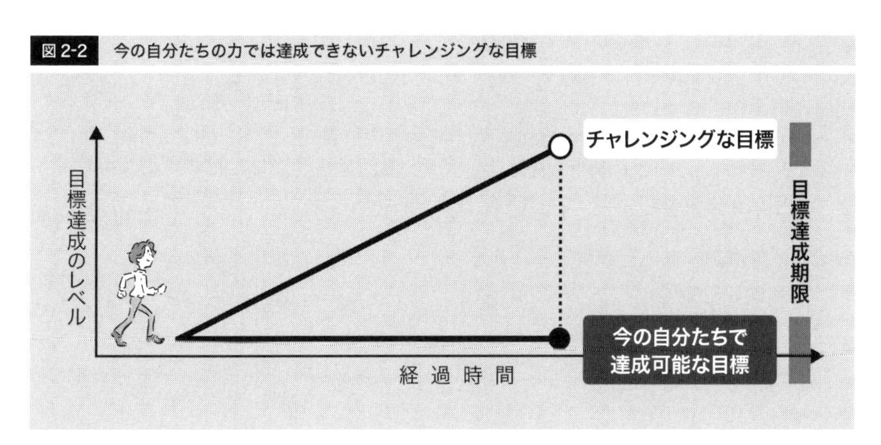

また、このときに目標を SMART の Time-Related に設定しておくことで、どれくらいの時間軸でどの程度成長すればチャレンジング目標を達成するのか想定することができます。

自分たちの現在地を指し示すKey Results

チームいきいきでは Objectives を 2 つ設定しました。

- O1：ikky ユーザーの運動・スポーツ実施率が 70% 以上になっている
- O2：ikky がフィットネスアプリのデファクトスタンダードになっている

以降の本文中では、基本的に O1 に対して Key Results 設定などを行っていきます。

Key Results は目標までの到達度を測定する成果指標であり、測定可能であることが求められます。「ikky ユーザーの運動・スポーツ実施率が 70% 以上になっている」

に到達するための Key Results を考えてみましょう。ユーザーの運動・スポーツ実施率を直接的に引き上げていくことは難しいので、ikky サービスでできることからアプローチしていきます。

ikky サービス内にあるフィットネス動画を視聴するユーザーが全ユーザーのうち30% 程度、フィットネス動画を視聴したユーザーのうち実際に運動したユーザーが80% 程度だったとします。視聴すればほぼ確実に運動してくれるということがわかっているので、フィットネス動画を視聴するユーザーを増やせばよいという仮説が立ちます。

また、月ごとに配信する月間運動量レポートを配信した直後には多くのユーザーが運動・スポーツを実施することもわかっています。そのため、レポート配信頻度を高めることで運動・スポーツ実施率が高まるという仮説が立ちます。

この 2 つの仮説をもとに、以下のような Key Results を設定することが考えられます。

Objectives： ikky ユーザーの運動・スポーツ実施率が 70% 以上になっている
Key Results： フィットネス動画視聴率が 80% になっている
レポート配信頻度が週 1 以上になっている

Q&A　OKRって70%の達成を目指せばいいんでしょ?

OKR って 70% の達成を目指せばいいんでしょ？
だから、(80–30) × 0.7 = 35 で……30 に 35 を足して……動画視聴率が 65% だったら達成したっていえるんじゃない？

……でも、それなら素直に 65%目指すほうがわかりやすいんじゃない？

ワタルさん、その通りです。「OKR は 70%の達成率を目指すもの」だと誤解している現場が少なくないのですが、大切なのは「100% の達成を本気で追い求める」という点にあります

なるほどー。動画視聴率が80%になっている、という目標自体は全力で追いかけるってことね

チャレンジングだからそこまでいけないかもしれないけれど、自分たちはその達成めがけてやれることを全部やる。それが大事、ということですね

ワタルさん、その通りです！

Key Resultsは状況にあわせて見直していく

プロジェクトの複雑さを示すモデルに「ステーシーマトリクス」があります。このマトリクスで扱う技術の不確実性、要求の不確実性をKey Resultsに当てはめると、以下のようになります。

- 技術の不確実性：KRを達成する道筋が見えない
- 要求の不確実性：KRを積み上げた先にObjectivesの達成があると確証が持てない

図2-3　ステーシーマトリクス（※2-3）

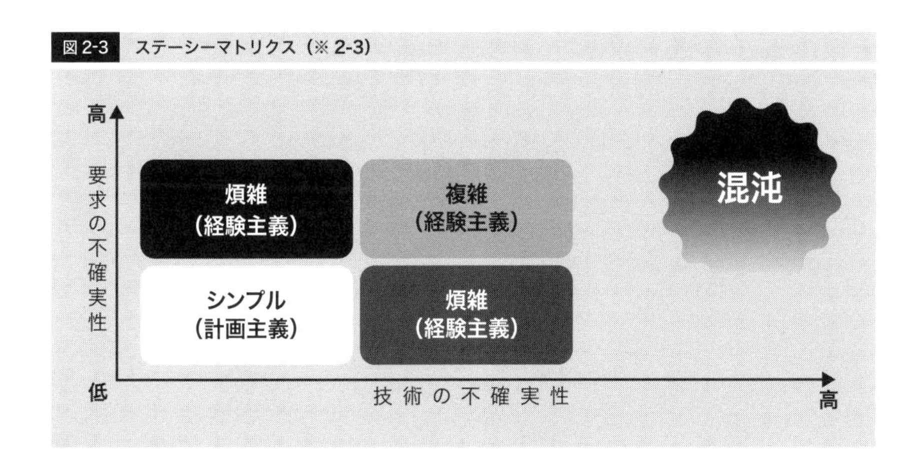

※2-3 『プロジェクトマネジメント知識体系ガイド 第7版』2-2 の図表をもとに作成

さきほどの例でいうと、「フィットネス動画視聴率が 80% になっている」は実現できれば Objectives の達成に寄与する可能性は非常に高く、要求の不確実性は低いといえます。一方で動画視聴率を上げるための方法は明らかになっていないので、技術の不確実性は高い状況です。

「レポート配信頻度が週 1 以上になっている」に関しては、配信頻度を上げるためにサーバー負荷が問題ないかなど解決しておくべき課題はありますが、基本的に技術の不確実性は低いといえます。一方で、単純に配信頻度を上げるとユーザーにとって煩雑に感じられ UX を損なうなどのデメリットが考えられます。この方法が有効な方法ではない可能性があることから、要求の不確実性は高いといえます。

このような状況下では、設定した Key Results の達成に向けて試行錯誤をしながら、場合によっては Key Results 自体を更新していく姿勢が求められます。

STEP3 ではチームがアジャイルのリズムで目標と向き合う進め方について解説していきます。アジャイルチームは検査と適応を繰り返しながら、自分たちが作ったもの、自分たちがたどってきた道から学習し成長していきます。その学習した事柄からどのように Key Results を更新していくとよいかについては STEP5 で詳しく解説していきます。

目標に対してオーナーシップを持つ

目標設定を行う上でもうひとつ大切なのが、目標を追いかける主体がオーナーシップを持つということです。この目標を達成するのは他でもない自分／自分たちだというオーナーシップこそが、私たちを目標達成へと突き動かします。

内発的動機とは

自身の内側から生まれる欲求、興味により生み出されるのが内発的動機です。創造的課題に取り組むためには内発的動機に基づいて主体的に行動することが重要です 2-3。**仕事そのものの楽しさや成長しているという実感、自分でハンドルを握っているという自己決定の感覚が内発的動機を生み出します。**

自分が「やらずにはいられない」ものを思い浮かべてみましょう。休憩のつもりでギターを弾き始めたら真夜中になっていた、ちょっとだけ作ろうと思っていたプラモデルが気がつけば完成していた……そんな経験はないでしょうか。内発的動機に突き動かされて行動すると、このような没頭さえ生み出します。

外発的動機とは

自分自身ではなく、外部からもたらされるのが外発的動機です。労働の対価、定期的に支払われる給与、称賛の声や表彰といったプラスの要因もあれば、懲罰や叱責、罰金といったマイナスの要因もあります。たとえば就職先を選択する場合、支払われる賃金というのは選択肢を左右する重要な要素となります。

外発的動機は内発的動機を強化するドライバーになります。たとえば、まだ内発的動機付けが高まっていない段階で言語報酬を与えること（いい仕事してるね！　この調子。がんばりの成果がしっかり出てるね。など）は内発的動機を高める効果があります。これをエンハンシング効果といいます。

逆に、内発的動機が十分に高まっている状態で外発的動機の報酬を与えると内発的動機を損ねることがあります。これをアンダーマイニング効果といいます。自発的に勉強に取り組み好成績をおさめている子どもに対しお小遣いを与えると、お小遣いを与えないと勉強に取り組まなくなってしまう状況は典型的なアンダーマイニング効果です。

表2-1　内発的動機付け要因と外発的動機付け要因

内発的動機付け要因	外発的動機付け要因
仕事そのもののおもしろさや楽しさ	金銭に代表される 他人（自分自身の外部）から もたらされるもの
仕事に従事することから 得られる有能感や満足感	
自己決定の感覚	

 トップダウンを効果的に行う

どんな組織にも目指すゴールがあるでしょう。その組織に所属している以上、同じゴールを目指していくというのは前提になります。そのためにはトップダウンでの目標伝達を効果的に行いたいところです。したがって、ゴールの共有の仕方については細心の注意を払いましょう。

組織が目指すゴールから個人が目指すゴールにブレイクダウンしていくプロセスで、個人の意見を反映させず完全にトップダウンで「あなたの目標はこれです」と提示するやり方には、様々な問題がついてまわります。

- **目標を提示された時点では、なぜその目標を追うべきなのか腹落ちできない**
- **目標のレベル感についてギャップが生まれやすい（設定者が当事者ではないので過度に高い目標になってしまったり、逆に平易なものになってしまう）**
- **目標設定者との間に権威勾配（※2-4）があるため、上記について疑問を感じていてもそれを伝えづらい**

内発的動機を生み出す要因として自己決定の感覚がありますが、説明がない状態で目標を押し付けてしまうと、自己決定の感覚は生まれません。また、すでにチームで目標について話し合っている状況であるにもかかわらずそれをひっくりかえしてトップダウンの目標に置き換えてしまうと、前述のアンダーマイニング効果が発生し内発

※**2-4**　組織内での意思決定プロセスやコミュニケーションの流れで、地位・役職の高い人物から低い人物にはスムーズに情報・命令が伝達されるが、逆の流れは抑制される傾向のこと

的動機を損ねてしまうことにもつながります。組織レベルの目標は組織にとって重要な意味を持つものなので、チームにうまく落とし込めないことは組織にとってもチームにとっても損失です。**なぜその目標なのか、チームは何を考えているのか、どう落とし込むとよいのかを双方の観点をつきあわせながら対話してすりあわせていきましょう。**

気をつけたいのが、説明を省いて目標を降らせるやり方は、善意から生まれてしまうこともあるということです。日々の仕事が忙しい中で、メンバーに目標設定の手間までとらせたくないという善意から、先回りしてメンバーの目標まですべてリーダー・マネージャーが決めてしまうことがあります。メンバー目線ではなぜその目標を追うべきなのか腹落ちしないまま、場合によっては「こんな目標達成できるわけないよ」と思い続けながら目標設定を完了してしまい、以降数ヶ月にわたって「目標達成の進捗は 0% です」という報告を聞き続けることになります。また、一応は進捗しているようだけれど意味のない数値が報告される……ということにもつながりかねません。トップダウンで目標を伝えていく際には、なぜその目標かをメンバー一人ひとりが納得できるよう丁寧に伝えていきましょう。

対話による目標のすりあわせ

OKR を組織に浸透させるために重要な要素として、CFR が挙げられます 2-4。

- Conversation（対話）
- Feedback（フィードバック）
- Recognition（承認）

このCFR はOKR を設定し達成に向けて活動していく中で特に重要なものですが、目標設定の段階でもその効果を発揮してくれます。では、CFR を使う場合と使わない場合でどのような違いが生じるのか、次の例で見ていきましょう。

CFR を使わずに目標を伝える例

みんな聞いて！　今期の OKR を決めてきたよ！

Objectives：ikky ユーザーの運動・スポーツ実施率が 70% 以上になっている

Key Results：フィットネス動画視聴率が 80% になっている
レポート配信頻度が週 1 以上になっている

個人の目標についてはあとで chat で知らせておくから、確認しておいて

うーん……

うーん……

うーん……

CFR を使いながら目標をすりあわせていく例

今期の OKR について決めました。みなさんからも意見をいただけますか？(Conversation)

Objectives：ikky ユーザーの運動・スポーツ実施率が 70% 以上になっている

Key Results：フィットネス動画視聴率が 80% になっている
レポート配信頻度が週 1 以上になっている

フィットネス動画視聴率が 80% になっているべき必要性がわからないです（Feedback）

ありがとうございます、説明が足りなかったですね。

この動画の視聴率は今のところ 30% です。一方、動画を視聴したユーザーの 80% 程度は実際に運動するところまでいっています。なので視聴率を上げることがダイレクトに運動・スポーツ実施率につながるという仮説があり、この目標を立てています。いかがでしょうか？（Conversation）

なるほど、そう考えると、チャレンジングだけど意味のある目標だなぁ(Recognition)

CFRを意識しながらメンバーとともに目標と向き合うことでチームとしての腹落ちが生まれ、内発的動機が醸成されていきます。また、場合によってはメンバーからフィードバックをもらうことで気づきが生まれ、OKR自体をアップデートする機会に恵まれるかもしれません。

あの……レポート配信頻度なんですけど……実は前に週1の頻度で試したことがありました。確かに一瞬、ユーザーの運動・スポーツ実施率は上がりました。けれどそれ以上に「レポートが頻繁にきて煩わしい」というクレームがあって、実際この施策を機にレポート配信をオフにするユーザーも出てきちゃったんですよね。だから、週1を目指すべきかは石橋を叩いて丁寧に検討したいです（Conversation）

作ってる側はどんどんレポート送りたくなりますが、ユーザー側にとってはノイズになりえますからね。過去関わっていた他のサービスでもそうでした（Conversation）

大切な情報をありがとうございます！（Recognition）
じゃあこのKRについては、もう少し考えてみましょう

OKRでは「気後れするような高い目標」を設定することが多くあります。目標が高ければ高いほど、自分ごととしての落とし込みが大切になってきます。対話による目標のすりあわせでチーム全体が腹落ちしている状況を作っていきましょう。

OKRツリー

OKRを採用している組織では、組織レベルのOKRから部署、チーム、個人とブレイクダウンしていくOKRツリーの構造を持っているところが少なくありません。

図2-4　OKR ツリーの例

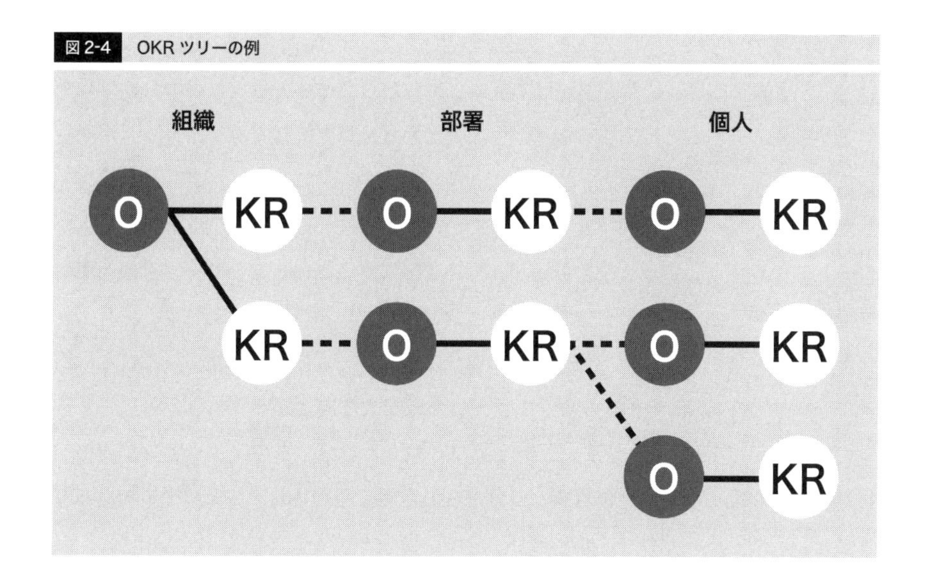

目標設定に伴う課題として、組織レベルの目標と個人レベルの目標がずれてしまう、ということがあります。個人レベルとチームレベルでは方向が合っているのに、組織レベルとずれているケースもあれば、期初は揃っていたのに途中でずれていってしまうケースもあります。

OKR ツリーでアラインメントをすると、こういったズレは発生しづらくなります。**同じ方向を向きたい、それを保ち続けたい場合、OKR ツリーを採用することには一定のメリットがあります。**

OKRはツリーじゃなくてもよい

一方で、OKR をツリーで表現することが難しい場合もあります。たとえば PoC（実証実験）を目的とした新しいチームを部署内に立ち上げたとき、そのチームのミッションは部署全体が持っている OKR との結びつきが希薄になるかもしれません。また、隣り合うチームで同じ目標を追う場合に、重複を避けて分割するために労力を注いでしまうことがあります。

がんばってツリーにしようとしてしまうと、「これはどの上位 KR に紐づくんだっけ？」を議論することに時間をかけすぎてしまったり、そもそもツリーで分割されているから他のチームと協力する機運が生まれなかったりと、様々なデメリットが発生します。

たとえば、サービスの利用者を増やしていき、ゆくゆくは業界のデファクトスタンダードになりたいという上位の目標があったとします。このとき、サービスの利用率や継続率を向上させること自体がミッションとなっているチームであれば、アクティブユーザーを増やすという上位の目標と自分たちのチームの目標を紐付けることは簡単です。一方で SRE チームのようにサービスの安定性向上がミッションとなるチームの場合、「利用者数を増やす」というアウトカムと自分たちのミッションが直接的には結びつかないため、上位目標と自分たちの目標を連動させることは簡単ではありません。

図 2-5 OKR をツリーとして紐付けることが容易なケースと困難なケースの例

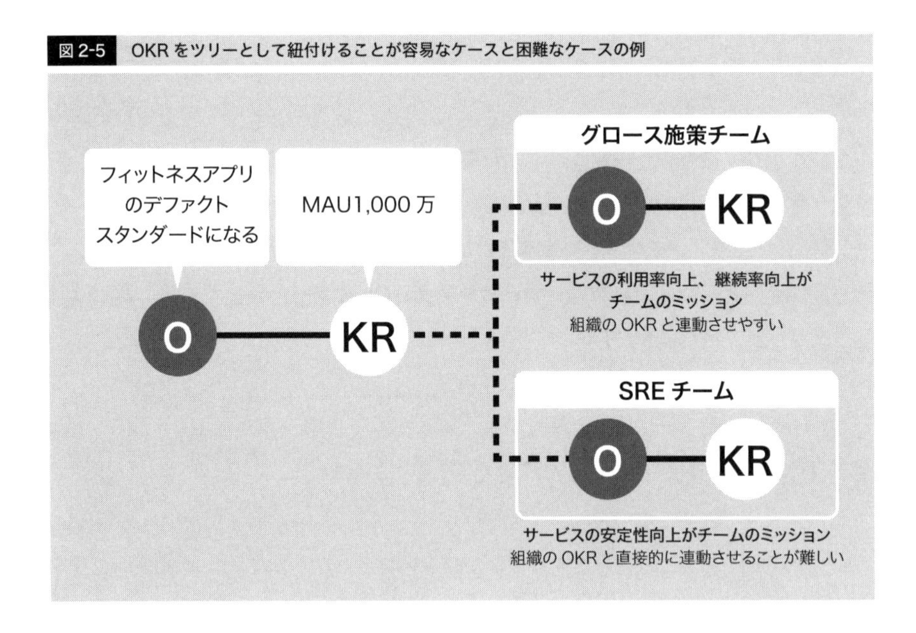

OKR はそもそも「ツリーであるべき」と定義されているものではありません。全社的な目標とは連動しているけれども、直属の上司の OKR とは明確には連動していないということもあります。

大切なのは自分自身が目指す Objectives の達成に向かうこと、そしてそれが組織全体の Objectives の達成に貢献することです。

OKR をツリーとして扱うことで得られるメリットは確かに存在します。組織レベルの目標からチーム、個人の目標までをつなげることができる。どのように目標と目標が関連しているのかがわかりやすくなる。**けれど、もしツリーで表現しようとすることに多大な努力を注いでおり、またツリーに居心地の悪さを感じる部分があるのならば、思い切ってツリーから脱却することを検討してください。**

ツリーから脱却すると、考えることが増えて大変そう

OKR はツリーにこだわらなくてよい、というのはわかったけど、ツリーじゃないとするとどうやって扱うのがいいんだろう。ツリー構造だったら自分たちのチームの OKR だけ意識しておけばいいけど、直接上位の Objectives を参照する、とかツリーから外れた形になると、気にしなきゃいけないことが増えるよね

そうですね。自分たちのチームの OKR だけにフォーカスすればよい、というのはツリー構造を導入する大きなメリットのひとつです。ツリー構造から脱却する場合、チーム外にも目を配る必要が出てきますので、これまで以上に CFR が機能するようなコミュニケーション設計が重要になってきます

なるほど、チームの中だけでなく、チームが関わりを持つ組織の中での CFR 設計が必要になっていくわけですね

その通りです。定期的にステークホルダーとコミュニケーションをとる場を設ける必要が出てきます。チームの OKR にフォーカスしていたとしてもステークホルダーとのコミュニケーションはとるべきですが、より重要度が高くなります。たとえばスクラムを採用しているチームであれば、スプリントレビューの場に確実にステークホルダーが参加するよう調整する必要があります

 OKRはどうやって管理するのがいいの?

どのようにしてOKRを管理するとよいのか、というのは初めてOKRを活用するときに悩むポイントのうちのひとつです。自前のスプレッドシートで管理する、OKRを管理できるSaaSを使うなど様々な方法がありますが、どのようにOKRを活用したいのかで最適な答えは変わってきます。たとえば、組織レベルで設定したOKRをメンバーレベルまで連動させ、強力にアラインメントさせたいというニーズがあったとします。その場合はツリー構造における末端の進捗を全体の進捗と連動させられるような高機能なSaaSの導入がフィットするでしょう。メンバーの主体性を目標達成のドライバーとしたいのであれば、ツリー構造ではなくそれぞれのOKRにフォーカスできるようなフォーマットが好ましいでしょう。

おすすめとしては、GoogleがWebで公開しているRe:WorkのOKRスコアカード(※2-5)があります。シンプルで使いやすく、またGoogle Spreadsheet形式で公開されているため自分の組織に合わせたカスタマイズが簡単に行える点が、筆者はお気に入りです。

筆者自身の話をすると、以前は組織レベルの目標と個人レベルの目標をアラインメントすることに重点を置いていました。そのためツリー構造をトレースするようなスプレッドシートを自作し、それでOKRを運用していました。では、なぜそこからRe:workのシートを使うようになったのか。それにはいくつか理由があります。

1. 向き合うべき目標へのフォーカスを生む
2. 組織とチーム・個人の目標の関係をツリーで表すことが難しい

向き合うべき目標へのフォーカスを生む

Re:workのシートはObjectivesとKey Resultsで構成されたシンプルなものな

※2-5 https://rework.withgoogle.com/jp/guides/set-goals-with-okrs#grade-OKRs

ので、もし組織がツリー構造のOKRを採用していたとしても、自分のチーム・自分自身のOKRにフォーカスする状況を作り出します（もちろん、見たいと思えば他のチーム・メンバーのOKRを閲覧することも可能です）。

組織とチーム・個人の目標の関係をツリーで表すことが難しい

組織内には非公式のコミュニケーションパス、協力関係が存在しています。チーム内でも完全な分業ではなく、ペアプログラミング・モブプログラミングなどを通した協働があります。そのような構造の中でOKRを完全にツリーに分解していくことは簡単ではありませんし、無理にツリーにするべきでもありません。都市計画家・建築家のC. アレグザンダーが「都市はツリーではない」で提唱した「セミラティス構造」のような複雑な結合関係は組織－チーム－個人のOKRの関係性を表すのに適しています。

図2-6 OKRのセミラティス構造

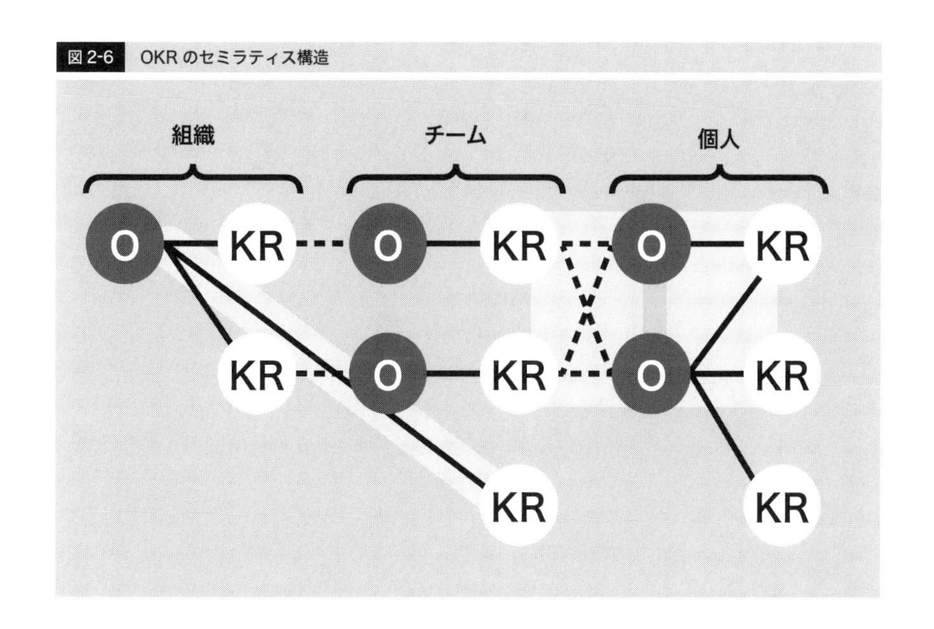

ツリー構造を前提としたツールではこのような表現は難しいため、それぞれのレイヤー（会社、チーム、個人）はRe:workのシートを使って管理し、レイヤー間のアラインメントは対話を通して行う、という運用を行っていました。

この「対話でカバーする」というところがOKRを浸透させ機能させるポイントです。チームのOKRと個人のOKRの足並みが揃っているか対話する。ギャップが発生していたら、なぜそのギャップが生まれているのか対話し、ギャップを埋めたほうがよければそのように行動する。あえてツールではカバーできない領域を作ることでCFRの起点とする。もちろん自動的にアラインメントされるツールにはそのツールのよさがありますが、本書としてはアラインメントするには対話が必要、というある種の不便さを残すスタンスを支持します。

STEP 2-5
大事にしたいものを見極めよう

「どれも大事」は「どれも大事じゃない」ように扱うということ

OKRを設定する際、Objectivesについては3〜5個、Key ResultsについてはOに対して3個程度が望ましいとされています。いざ目標設定を始めると、どれもこれも大切に見えてきます。

図2-7 大量のOKRを抱えている状態。どれから取り掛かるかを考えるだけでも時間がかかる

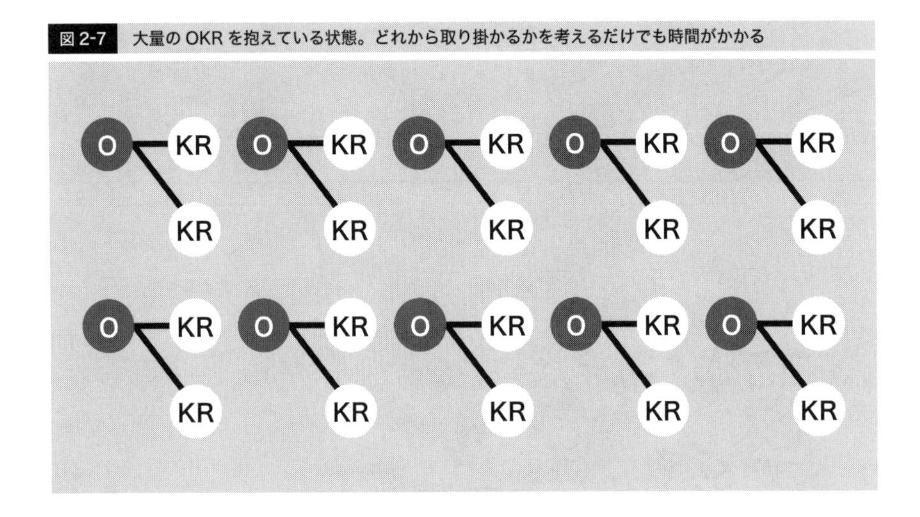

あまりに多くの目標を持ってしまうと、それぞれの目標に対して注げる時間は小さくなっていきますので、達成への歩みはゆるやかなものになってしまいます。また、都度どの目標にフォーカスするか考える必要があり、メンバーの認知負荷（頭を使う仕事の量）が上がってしまいます。結果として全く進捗しない目標が生まれたり、最悪の場合にはすべての目標が未達ということにもなりえます。

どれも大事だからどの目標も追いかける、というのは、その目標を大事にしているようで全く逆の行動をとっているのです。自分たちにできることを見極め、優先順位を見定め、本当に大切なことにフォーカスしていきましょう。

ここではOKRを絞り込むために便利なフレームワーク・ツールをいくつか紹介します。

 アイゼンハワーマトリクス（時間管理マトリクス）

緊急・重要の二軸でマトリクスを作り、そこに設定したい目標をマッピングしていくアイゼンハワーマトリクス（時間管理マトリクス）は今自分たちが取り組むべきこと、大切だけど緊急ではないから意識的に優先度を上げないとなかなか取り組めないものを可視化します 2-5 。

図 2-8　アイゼンハワーマトリクスの図

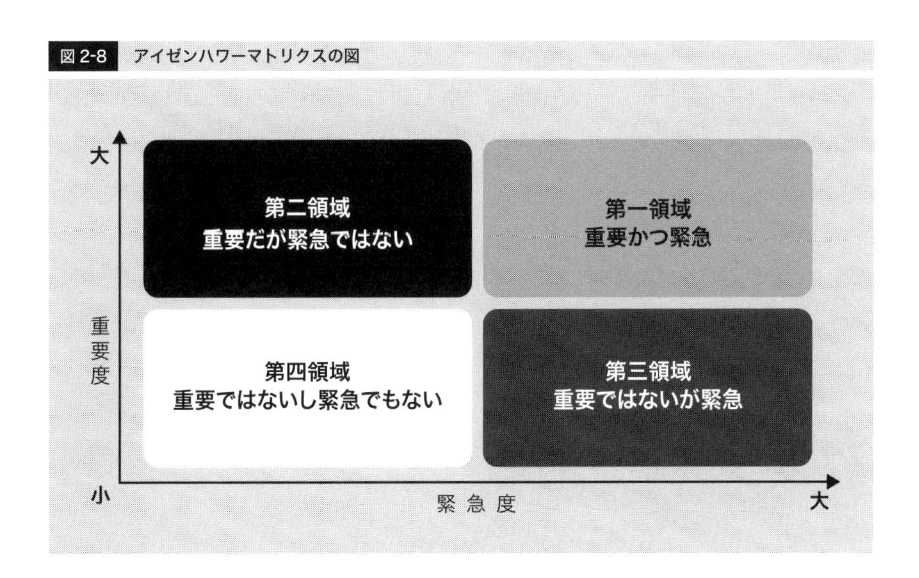

重要かつ緊急：未来がかかっているようなもの、それも可及的速やかに対応することが求められるものはこの領域に当てはまります。たとえば自分たちがシェア No.1 を獲得しているブルーオーシャン領域に競合が続々と参入し急速にシェアが低下しているような場合、今のうちにシェア比率を高く引き上げ業界トップシェアの地位を確立することは重要かつ緊急な目標になりえます。

重要だが緊急ではない：この領域は、緊急性は高くないがゆえに後手に回りがちです。たとえばソフトウェア開発におけるテスト環境の整備などが該当します。後手に回しっぱなしで着手していないと後々重大な問題を引き起こすことがあるため要注意です。「3ヶ月後も同じ状態だとどうなる？」「6ヶ月後だと？」など、未来においてもその目標が達成されていないときに何が起こるかを想像してみることは重要度の見極めに役立ちます。

重要ではないが緊急：ついつい手をつけてしまうのがこの領域にあるものです。「これは急ぎなんだ！」と言われると「じゃあやります」と受け取ってしまうのが人情ですね。ですが私たちにできることは有限です。緊急らしいけど重要度が見えない目標については「なんでこれ緊急なんだっけ？」「達成すると何が得られて、達成できないと何を失うの？」を問いかけ、重要度を明らかにしていきましょう。そこまで重要度が高くないようであれば、「重要だが緊急ではない」の領域にある目標を優先するべきです。

重要ではないし緊急でもない：もしこの領域に該当する目標があれば、やることはひとつ。削除です。

ペイオフマトリクス

アイゼンハワーマトリクスは重要度、緊急度に着目したフレームワークでした。ペイオフマトリクスは効果、労力の二軸で分類するフレームワークです。なお、効果をPain（取り除く痛みの大きさ）、労力をEffort（実行するために注ぐ努力）で表現したEffort and Painというフレームワークも存在しています。どちらも表現したいことは費用対効果ですので、自分たちにとってしっくりくるほうのフレームワークを選択するとよいでしょう。

目標設定の観点でいえば、「効果が大きい」ものから優先的に目標として設定することが望ましいです。効果が大きいけれど労力が大きい場合、場合によっては目標設定が対象とする時間軸での達成が難しい場合があります。そういうときは目標を分割してかかる労力を小さくするか、いったん保留して労力が小さくなるのを待つ（技術的ブレイクスルーや市場環境の変化で難易度が下がる、ということが起こり得ます）のがよいでしょう。

効果が小さいものに関しては、たとえそれが着手しやすい難易度の低いものであっても、勇気を持って目標のリストから除外しましょう。

図 2-9　ペイオフマトリクス

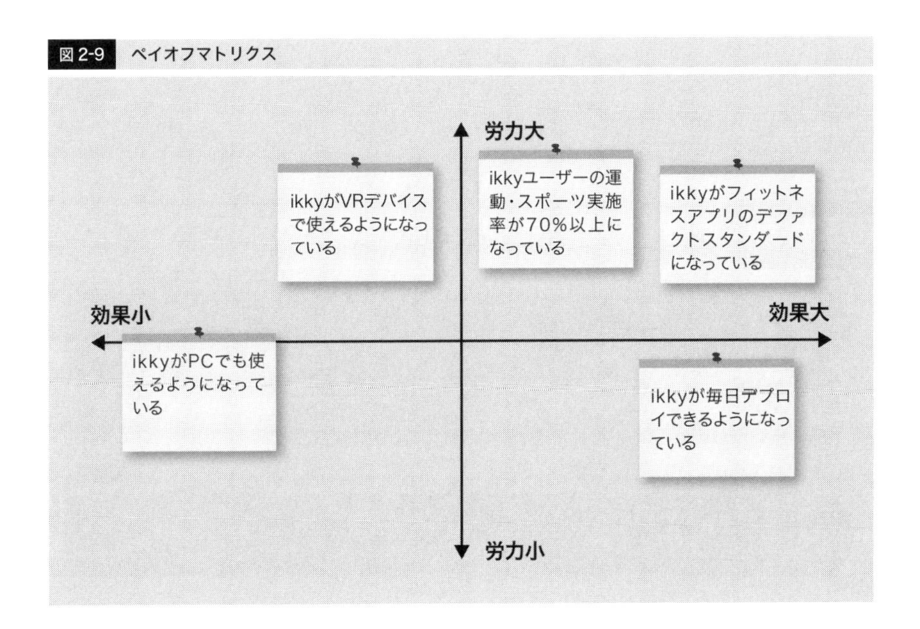

ドット投票

自分たちがやりたいと感じるものを自分たちの直感に基づいて選択したいなら、ドット投票で票が集まった目標を選択するという方法もあります。

基本的には、アイゼンハワーマトリクスやペイオフマトリクスなど他の方法で絞り込んだ上で、**どうしても絞り込みきれない場合に限って実施することをおすすめします。**投票は「その人がその目標を選びたがっている」という情報こそ得られますが、なぜそれを選択するのかという重要な情報は得られないからです。

図 2-10 ドット投票

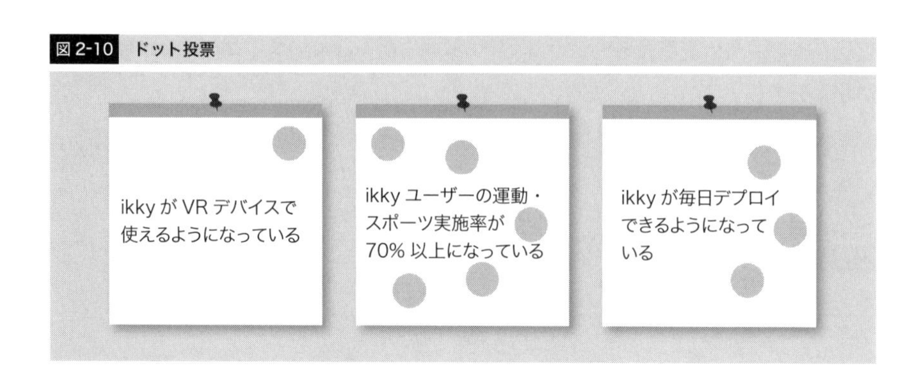

Q&A ドット投票が有効なのは、いつ？

じゃあ、基本的にドット投票は使わないほうがいいのかな？

選択肢の間に差がなく、どれを選択してもいいような状況では有効です

なるほど、判断する材料が手元にない場合はドット投票で決めるのがよさそうですね

そうですね。それで、材料が揃ってきたタイミングでまた見直せばよいでしょう

2-1 『HIGH OUTPUT MANAGEMENT 人を育て、成果を最大にするマネジメント』アンドリュー・S・グローブ（2017、小林薫 訳、日経 BP 社）

2-2 『プロジェクトマネジメント知識体系ガイド（PMBOK ガイド）第 7 版＋プロジェクトマネジメント標準』（2023、一般社団法人 PMI 日本支部、一般社団法人 PMI 日本支部）

2-3 『モチベーション 3.0 持続する「やる気！」をいかに引き出すか』ダニエル・ピンク（2010、大前研一 訳、講談社）

2-4 『Measure What Matters（メジャー・ホワット・マターズ）伝説のベンチャー投資家が Google に教えた成功手法 OKR』ジョン・ドーア 著、ラリー・ペイジ 序文（2018、土方奈美 訳、日経 BPM（日本経済新聞出版本部））

2-5 『完訳 7 つの習慣 - 人格主義の回復』スティーヴン・R．コヴィー（2013、フランクリン・コヴィー・ジャパン 訳、キングベアー出版）

目標は記憶に残すのではなく、記録に残そう

市谷 聡啓
Toshihiro Ichitani
株式会社レッドジャーニー 代表

僕らは一生のうちに無数の目標を立てている。自分だけの場合もあれば、チームで立てて共通にすることもある。スクラムにおいてはスプリントゴールと称して１週間、２週間という頻度で向き合ったりもする。そう、意外と僕らと目標とは日々隣り合わせにある。それにもかかわらず目標が記憶に残り続けることはあまりない。これまで立ててきた目標の、その数の割には僕らの中には残っていない。

同時に、「どれだけ達成できたか？」という質問にも、あまり自信を持って答えられないかもしれない。もちろん、いくつもの目標を達成してきた記憶はなんとなくある。ただ、はっきりと言えるほど達成した目標がどれほど挙げられるか。怪しくなってしまう人やチームも少なくないだろう。

こうして考えると、実は僕らは目標という仕組みをうまく使いこなせていないのではないか、と疑問を持ち始めるかもしれない。確かに、目標が機能するためには一定の工夫が必要だ。その方法こそ、本書の内容にあたってもらいたい。だが、おそらくそうした工夫を取り入れたとしても、先に述べたような「記憶に残る目標」にまでは至らないだろう。むしろ、目標自体の印象はますます薄れていくかもしれない。なぜだろうか？

僕らが向き合う仕事、プロジェクトは、あらかじめ目標を一度立てておけば最後までその中身を変えずに突き進めるほどわかりやすいものではなくなってきている。どこにたどり着けばゴールと言えるのか、仕事を始める最初の段階では見えていないことがめずらしくない。「ユーザーにとっての価値とは何

か？」「どのようにビジネスとしての成果を上げられるか？」と、向かいたい、向かうべき方向は見えているものの、では何をどのように達成すればよいのか、明確には判断がつかないところから始まるところがある。

だから、僕らは検査適応の旅をする。判断がつかない、わからないからこそ探索する。価値やビジネスの検証を行う。アウトプットを反復的に確かめて、その都度学びを得ていく。そうした学習活動の最中に、より達成するべきことがわかってくる。最初に思い描いたことから、かけ離れていくのもよくあることだ。

つまり、目標とは最初から「変えられる運命」にある。その記憶が自分たちに刻み込まれていないのも無理はない。僕らにとって目標とは「仮説」に近い。目標を記憶に残すのではなく、記録に残そう。立ち返る目標があれば、「自分たちが何のために何をするつもりだったのか」を見失わずに済む。目標自体に立ち返り、問い直す機会をチームの習慣に加えることにしよう。

STEP

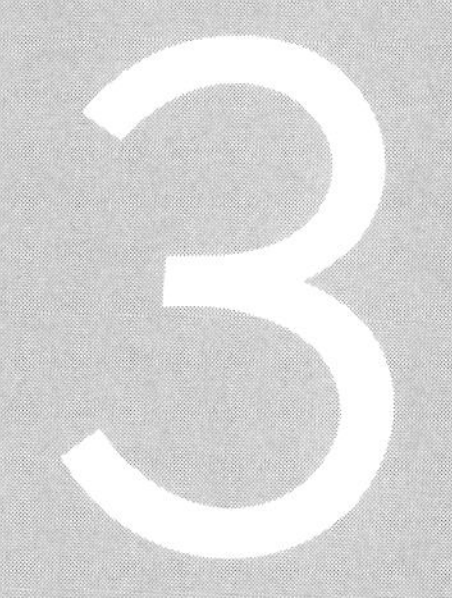

チームのリズムをつくろう

目標が設定できたら、いよいよ目標達成に向けて行動していきます。
額に飾りたくなるような、いい目標ができたとします。それを額に入れただけになっていないでしょうか。チャレンジングな目標に向かい、実際に達成していくためには、チームが目標と向き合い続けるリズムをつくることが大切です。

OKRも無事に設定できたし
達成に向けてがんばっていこう！
絶対タッセイ！

開発はどうやって
進めていきますか？

これまで通り
アジャイルでいこう！

ふむ　高い頻度で
目標と向き合えそう
ですね

いいね！
賛成！

ワタルくん
サトリさん
なんでしょう？

このチームでの
やり方を教えて
ほしいです

わかりました！
まかせてください！

ワタルさん
がんばって……

STEP 3-1

目標とは高頻度に向き合おう

みなさん、目標を設定したあと、いつ確認していますか？　目標を思い出し、達成状況を確認するのは四半期の評価のタイミングだけ……。上長と面談する前にあわてて目標を確認する。そんな状態になっていないでしょうか。

本書では「今の自分たちでは達成できない」チャレンジングな目標を扱っています。そういった高い目標と向き合っている状態で「目標を思い出すのは四半期に一度だけ」だとすると、何が起こるでしょうか。こちらの図のように、あまり芳しくない達成状況になると予想されます。

図 3-1　達成状況の確認が低頻度の場合の目標達成までの道のり。険しい

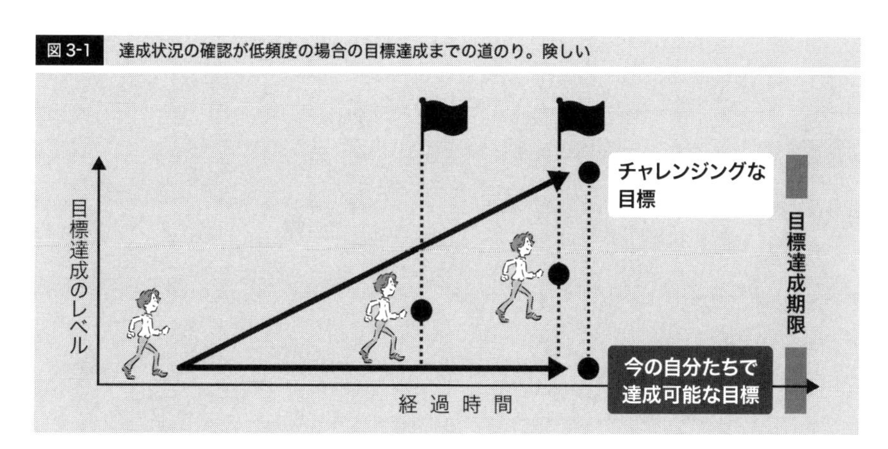

そして、ある時点での目標達成状況が芳しくない場合、目標設定時点から時間が経過しているがゆえに目標達成までの勾配が急峻になっていきます。そのままさらに時間が経過していくと、最終的には目標達成が不可能なものになっていきます。

図 3-2　目標達成の進捗がよくない場合、時間が経過するごとに達成の可能性は小さくなる

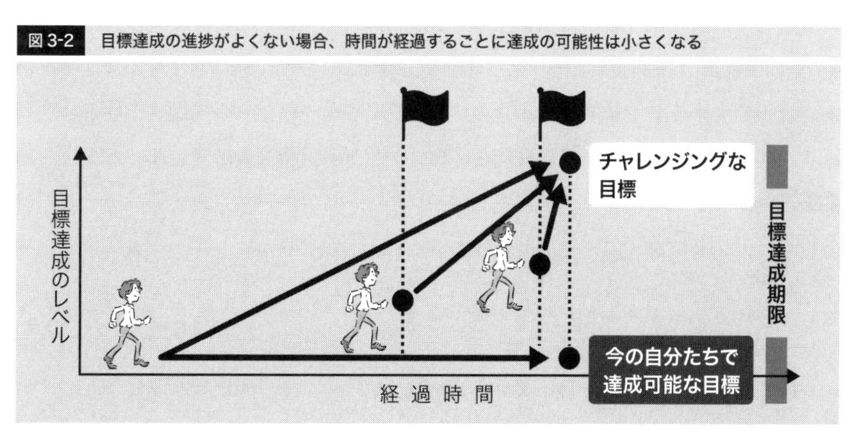

こうなってしまうと、モチベーションを駆り立てる適度にチャレンジングだった目標は、達成を信じることができない過度にチャレンジングな目標へと変貌し、モチベーションを損ねるものになってしまいます。

では、どうすればいいのか。実は、**達成しやすいベンチマークを設定したほうが成功の確率が上がることが、研究で証明されています**（※3-1）。目標としてはチャレンジングなものを立てながら、達成しやすい小さな目標を中間目標として設定します。

高い頻度で目標の達成状況を確認し、小さい目標を立て、チームを成長させながらゴールに向かい続ける。アジャイルチームのリズムの中に目標設定へのまなざしを取り込んでいくのです。

図3-3　アジャイルのリズムで目標と向き合う

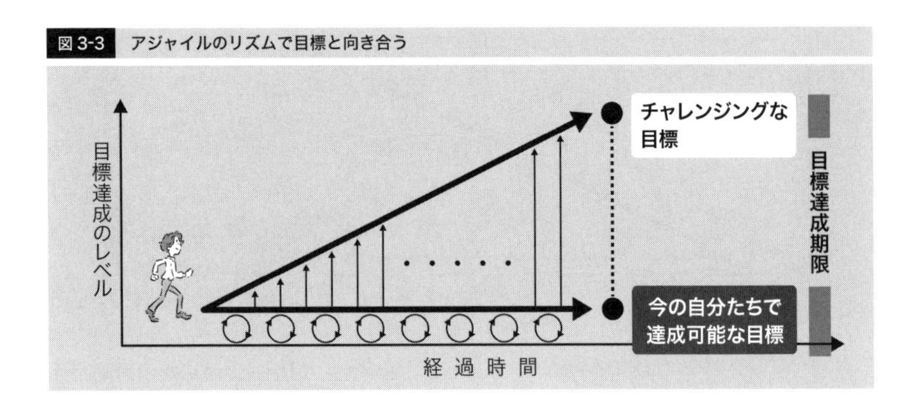

四半期に一度だけ目標を思い起こすのと、開発サイクルごとに小さい目標を立てていくのとでは、どれくらい目標と接する回数に違いが生まれるでしょうか。四半期を12週間とすると、開発サイクルが2週間であれば6回、1週間なら12回、目標と向き合う機会が得られます。サイクルごとにクイックウィン（短期間で上げる小さな成果）を積み重ねることで**「自分なら／自分たちなら目標を達成できる」と信じられる自己効力感が生まれます。**そして、サイクルごとに目標達成に対する検査と適応が実施され、絶え間なくゴールに向かっていくことになります。

※3-1 『Learn Better――頭の使い方が変わり、学びが深まる6つのステップ』3-1 を参照

進捗が出ないサイクルが続いたときに心が折れそうです

ユーザーが実際に動画を見てくれるようになるまでは、けっこう時間がかかるのではないでしょうか？

そうだね。僕たちが開発して、施策を打って、それからユーザーの行動に影響が出てくるから時間がかかるだろうね

そうすると、開発サイクルごとに確認していると「なんの進捗も得られませんでした」になることが多くて、心が折れませんかね……

うーん、確かにそれはそうかも

OKR として設定している大きな目標に対しては、その通りですね。今回の動画視聴率は私たちが行動を起こしてから結果に反映されるまで時間のギャップがある遅行指標なので、なおさらです。アクションを起こしてから結果に反映されるまでのリードタイムを見極めながら、開発をしっかり進めていくことが大切です

そうですね！　それぞれの開発サイクルでゴールを設定して、そこに向けて開発を進めていく。OKR の見た目の上では進捗が出ない期間は、明示的にそういう期間だという共通認識を持って、いったん目の前の開発サイクルのゴールに集中するのがよさそうです

STEP 3-2

AS ISからTO BEへ

ギャップを分析する

Key Resultsを達成するために何を作ればよいのか、何をすればよいのかを考えましょう。今の状態（AS IS）と目標を達成した状態（TO BE）を比較してギャップを明らかにし、目標達成に向けてやるべきことを洗い出していきます。

KR「フィットネス動画視聴率が80%になっている」を例にして、ギャップを分析してみましょう。

- AS IS：フィットネス動画視聴率30%
- TO BE：フィットネス動画視聴率80%

ギャップを分析するアプローチには様々なやり方がありますが、ここでは「なぜなぜ分析」を使ってAS ISとTO BEのギャップを明らかにしていきます。

なぜなぜ分析とは

トヨタ生産方式の手段のひとつであるなぜなぜ分析は、なぜその問題が起きているのか要因を特定し、さらにその要因がなぜ発生しているのかを特定し……というように、「なぜ」を繰り返して真因にたどり着くことを目指す方法です 3-2 3-3 。

ある程度、AS ISにとどまっている要因と思われるものが特定できたら、その要因を解消するためにとるべき行動を考えます。今回のケースであれば動画視聴にたどり着く導線をシンプルにする、軽量な動画コンテンツを充実させる、動画視聴利用者のポジティブな変化を知るコンテンツを作る、といった案が考えられます。

図 3-4　フィットネス動画視聴率が 30% にとどまっている理由のなぜなぜ分析

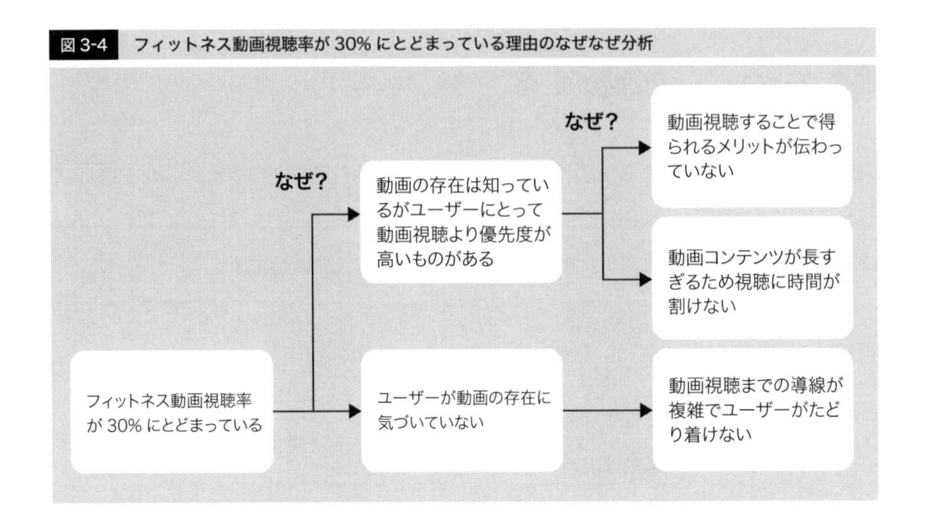

データで「なぜ」を特定する

「なぜ？」を分析するときに気をつけたいのが、自分のバイアスによって偏った分析をしてしまうことです。プロダクトを開発していると、自分が開発しているプロダクトは優れたものだという気持ちが生じます。そうすると「そもそも使われていない」「使うメリットがない」といった耳が痛い「なぜ」が出てこなくなる恐れがあります。

そういったバイアスによる誤謬を防ぐのが、データによる「なぜ」の分析です。

動画視聴までのステップのどこでユーザーが離脱しているのか、何分以上の動画だと離脱率が高いのか、などをユーザーのログから分析していきます。もし、そういったログ分析をする環境がないのであれば、まず優先的に取り組むべきは分析基盤の構築になるでしょう。

優先順位が高いものから並べる

やるべきことが特定できたら、優先順位順に並べます。STEP2 で紹介したペイオフマトリクスは優先順位を決めるのにも使えます。効果が高いと考えられるものから優先的に取り組んでいきましょう。また、不確実性が高いものも優先順位を高く設定し、早めに取り組むことをおすすめします。もしそれが失敗に終わったとしても、早い段階で失敗しておけば別の打ち手を講じることが可能となるからです。

こうして出来上がったやるべきことのリストは、スクラムでいえばプロダクトバックログに相当します。本書のスコープはスクラム実践者に閉じるものではありませんが、以降は便宜的に「プロダクトバックログ」と呼びます。

図 3-5 プロダクトバックログ

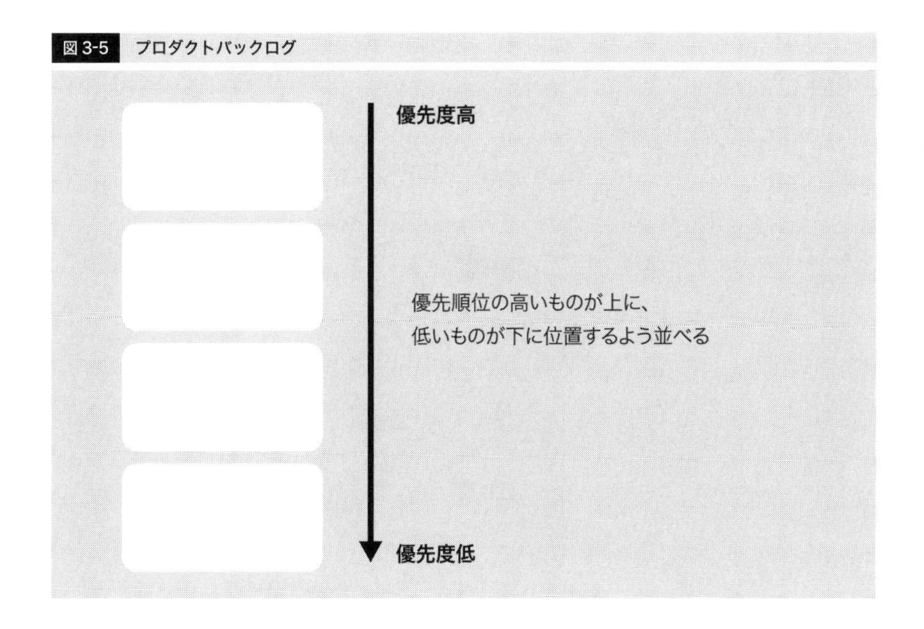

 計画づくりで短期的なコミットメントとフォーカスを生む

開発サイクルの始点では、そのサイクルの中で取り組むことを明確にする「計画づくり」を実施します。基本的にはプロダクトバックログの一番上からとっていきます。このとき、サイクル中に生み出す「クイックウィン」を明らかにしておきましょう。

クイックウィンはそのサイクルで生み出したい小さな成果です。プロダクトバックログからとってきたアイテムを完成させることがそのままクイックウィンになることもあれば、そうでないこともあります。そのため、そのサイクルで実施することに決めたタスクをやりきろうという意識も大事ですが、取り組むタスクが生み出したいクイックウィンにつながっているかどうかが重要です。場合によってはプロダクトバックログからとってきたアイテムの完成を先送りする、別のアイテムを完成させる、といった臨機応変な対応をとれるフットワークの軽さもまた大切です。

もしアイテムサイズが大きくひとつの開発サイクルにおさまりきらない場合、開発サイクルにおさまるよう分解していきます。

図 3-6　クイックウィンを明らかにする

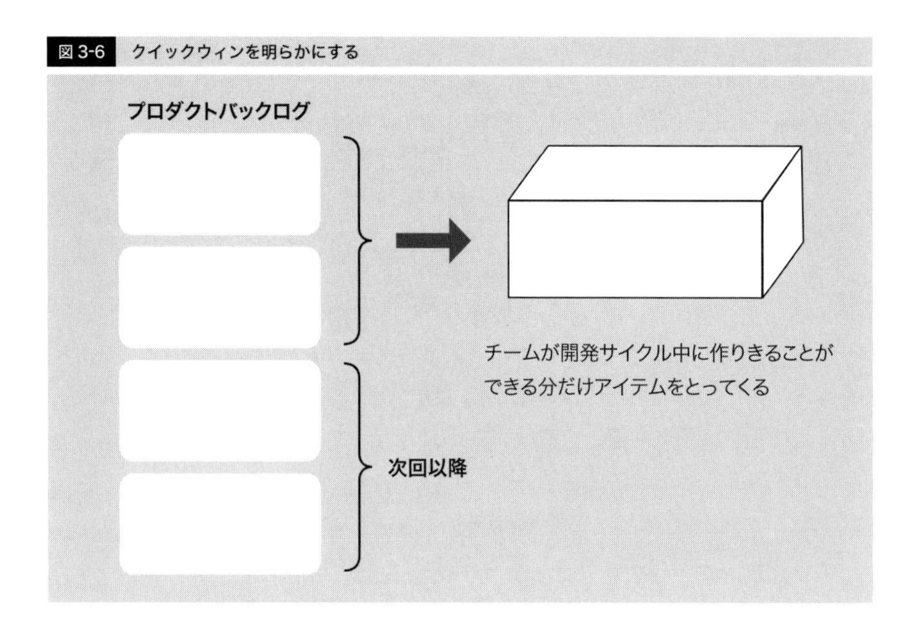

高い目標を掲げていると、できるだけ多くのタスクをこなしたいという気持ちが芽生えてきます。開発サイクルのゴールとしてのクイックウィンを目指すのではなく、プロダクトバックログ全体をできるだけ早くこなすため、とにかくタスクを詰め込んでいくことにもなりかねません。そうなってしまうと、その開発サイクル内に終わらなかったタスクはなぜ終わらなかったのかをふりかえり次に活かすことなく、自動的に次のサイクルに持ち越されていきます。やらなければいけないタスクが目の前にあるわけですから、できるだけたくさんこなしていきたいと考える気持ちはよくわかります。ですが、このやり方にはいくつか好ましくない点があります。

1. **開発サイクル中に作り上げるものに対して予測を立てないので、進捗が順調なのか滞っているのか判断することができない**
2. **積んであるプロダクトバックログをこなすことにフォーカスしているので、プロダクトバックログそのものを更新しようという判断につながりづらい**

もし「プロダクトバックログをすべて作りきること」がチームにとっての至上命題であれば、このやり方が功を奏するでしょう。しかし、私たちがやるべきことはそうではありません。AS IS と TO BE の溝を埋め、目標を達成する。そのための手段としてプロダクトバックログが存在しています。このプロダクトバックログは、クイッククウィンを積み重ね、プロダクトから学習することで変化していきます。そして変化するためには、その開発サイクルで生み出したいものを見定め、作り上げ、そこから学んでいくことが重要です。詰め込み型の計画づくりではなく、AS IS と TO BE のギャップを埋めるための計画づくりを行ってコミットメントしましょう。開発サイクル中はそこにフォーカスしましょう。

図 3-7　詰め込み型の計画づくりでは問題の発生に気がつけない

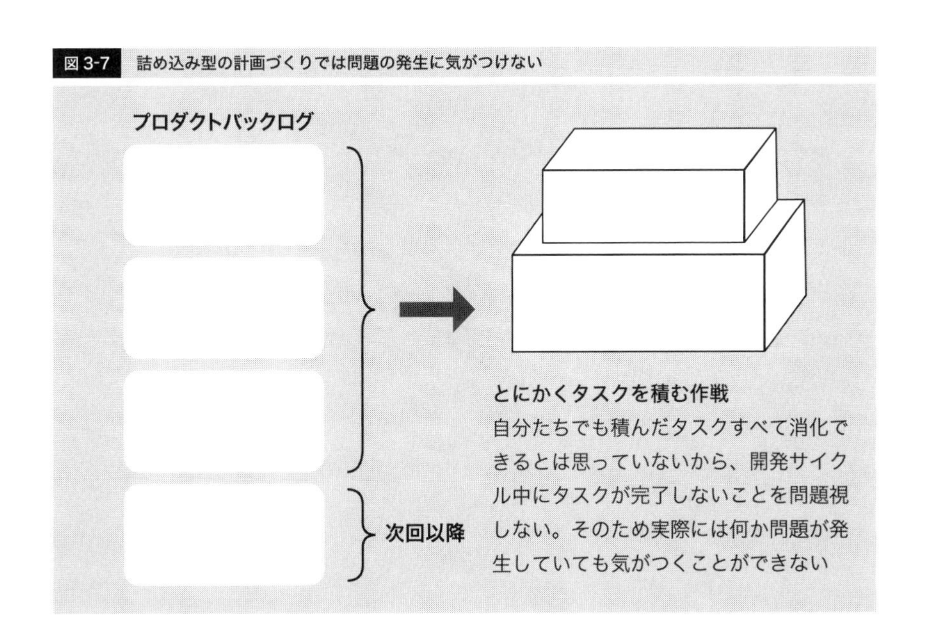

Q&A 開発者の手が空いちゃったらどうするの？

もし、計画づくりで積んだアイテムを全部こなしたらどうするの？
おかわり？

おかわりもいいですが、Go to the Beachという考え方もおすすめです。手が空いたときに、作業を割り当てるのではなく空き時間にしてしまおう、という考え方です。技術スキルを磨いたり、ちょっとした開発を行ったり、または本当にビーチに行ってしまう……ビーチじゃなくてもいいのですが仕事を離れて自分のために時間を使うことを指します

へぇ、おもしろいですね！　手が空いてるほうが、本当に急ぎの仕事が飛び込んできたときにも対応できたりするし、よさそうですね！

手が空いたときに空けたままにしておくことでチームに余白が生まれます。生まれた余白は自己研鑽に使ったり、内部改善を行ったりといった重要だが緊急ではないタスクにあてることができます。もちろん、思い切って余暇にあてることもできます。また、緊急度の高い差し込みタスクがやってきた場合にも、余白を活用して柔軟に対応することができます。

余白をどう使うのが適切かは、チームや個人が置かれている状況によっても変わってきます。一刻を争う緊急度の高い開発を行っているとしたら、目の前のアイテムを全部こなしたらまだ手を付けていないアイテムをおかわりすることが適切でしょう。

余白の活用方法についてはどうするか迷いやすいので、たとえばワーキングアグリーメントで「前倒しでアイテム対応が完了したら好きな開発に手を付けてよい」などと明文化しておくことをおすすめします。

STEP 3-3

情報の非対称性

ある物事に対して、ある一方が他方よりも多くの情報・よりよい情報を保持している状態を、情報の非対称性がある状態といいます。情報の非対称性の例としては、マネージャーだけが組織の中長期的な目標や経営層の意向を把握しメンバーに伝えない状況、チームメンバーが現場で検知している進捗の遅れやバグの存在をチーム外に伝えない状況などがあります。

マンガの例だと、リーダーのワタルくんはタスクの優先度を正しく伝えられていませんでしたし、イシバシさんは実施するタスクに変更があったことを伝えられていませんでした。

図 3-8　情報の非対称性

マンガではチーム内における情報非対称性を扱いましたが、チーム内だけでなくチーム外とのコミュニケーションでも情報の非対称性は発生します。

情報の非対称性は様々な問題を引き起こします。以下に、情報の非対称性が引き起こす問題の例をいくつか紹介します。

表 3-1 情報の非対称性が引き起こす問題

問題	具体例
優先順位の伝達漏れ	マネージャーが暗黙的に持っている優先順位をメンバーに伝えておらず、本当は高い優先順位で対応してもらいたかったタスクが後回しにされる
スケジュールの遅延	進捗に関する情報共有が不足し、必要なテコ入れがされないまま期限を超過してしまう
リソース最適性の欠如	今力を入れるべき領域が正確にはわからないため、急ぎでない作業を行ってしまう
意思決定の失敗	ステークホルダーの期待が正しく伝えられないまま開発が行われ、顧客が本当にほしかったものとはかけ離れたプロダクトが出来上がってしまう
コミュニケーションブレイクダウン（断絶）	情報が開示されていないという不信感からコミュニケーションが途絶してしまう

難しいのが、情報の非対称性は決して悪意から生まれるものではない、という点です。「忙しそうだから、こっちで情報をまとめておこう」「エンジニアは開発に専念してほしいから、目標設定だったりチーム外との調整だったりはこっちで巻き取っておこう」「ちょっと進捗遅れがちだけど、マネージャーを不安にさせたくないから気合と根性でカバーしよう」「ビジネスサイドの動きは自分たちには関係がないから知らなくてよい」などなど、相手を思いやる善意や、相手がその情報を必要だと認識していない状況から情報の非対称性が生まれてしまいます。**自分の想像で相手を忙しいと考え、知らず知らずのうちに情報の非対称性を生み出していないか、一度立ち止まって考えてみましょう。**

情報対称性を仕組みでつくる

ここからは、チーム内での情報対称性に着目していきます。チームの中に健全に情報が流通し、誰もが情報に触れられる状態をつくることで、チームは力強く前に進んでいくことができます。情報対称性のある環境では、なぜそれに取り組んでいるのか疑問に思ったとしてもその情報源にたどり着くことができ、自身のモチベーションにつなげることができます。

本書で紹介してきたインセプションデッキやワーキングアグリーメントはチームとしての約束事を言語化したものです。OKR は自分たちが目指すところ、そしてそこにたどり着いていることを示す指標を表したものです。プロダクトバックログでは自分たちが生み出したい価値と、それに取り組む優先順位を明確にしています。これらをチームで作り上げ、共同所有することで大枠での情報対称性が生まれます。ここまでに紹介してきたプラクティスの多くは、この大枠での情報対称性を担保するのに役立ちます。

チームで開発を進めるにあたって大枠での情報対称性は重要ですが、開発サイクルの中でのミクロな情報対称性もしっかり確保しておきたいところです。

そういった開発サイクル中のチームの状況を見える化するのに役立つのがタスクボードです。個々のタスクが順調に推移しているのか、何か問題が起きているのか、すでに遅れが発生しているのかをリアルタイムに確認することができます。作り方は非常にシンプルで、「やること（To Do)」「やっていること（Doing)」「やったこと（Done)」のレーンがあれば最小構成のタスクボードが出来上がります。また、やっていることとやったことの間に「待ちが発生していること（Waiting)」を追加すると、自分たちがボールを持っているものと待ちの状態になっているものを区別することができるのでおすすめです。筆者の場合、他のチームに作業してもらっているものやコードレビュー中のもの、リグレッションテストを流している最中のものを Waiting に置くようにしています。そうすることで自分が手を動かしている最中のもの（Doing）と誰かの作業が終わるのを待っているもの（Waiting）が区別でき、もし遅れが発生しているときにどこの誰に働きかけるとよいかが明確になります。

情報対称性を担保するためにタスクボードで見える化した上で活用方法に工夫をすると、様々なメリットが得られます。たとえば、タスクボードで扱うタスクの粒度を一日以内で完了できるような大きさにしておくと、チームに問題が起きていることを早期に検知できるようになります。ここの粒度が小さくなっていると、タスクボード上に動きがないということは何か想定していなかったことが起こっている、と即座に判断し、アクションすることができます。

図3-9　タスクボードの例

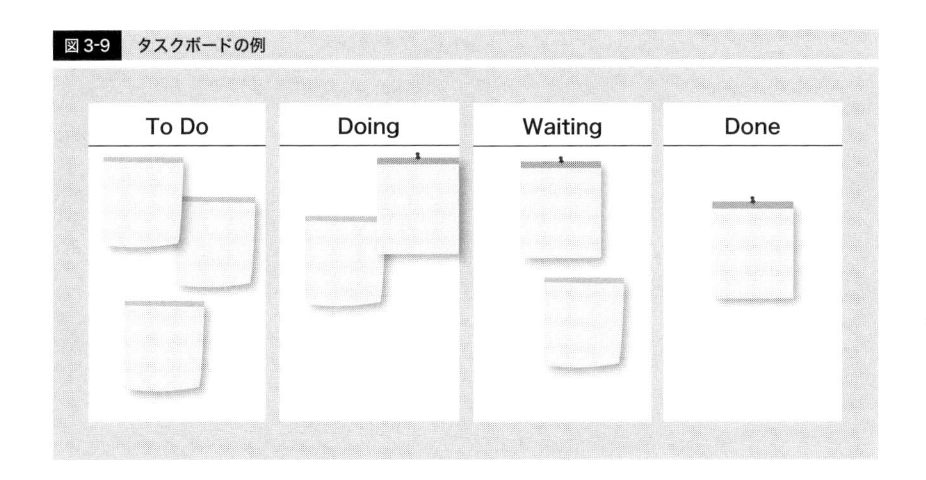

[想定していなかったことの例]

- 割り込みタスクが発生して着手することができなかった
- いざ手をつけてみたらまだ開始できる状態じゃなかった
- 思ったよりタスクのサイズが大きかった

タスクのサイズが大きいときに発生する問題として有名なものに「90% シンドローム」があります。あるときタスクの進捗を尋ねると、90% できていますという回答が返ってきます。翌日に聞くと、また 90% と答え、その状態が延々続き、気がつけば予定より大きく時間がかかってしまっていることに気づく……。「あ！　それ見たことある！」という方もいらっしゃるのではないでしょうか。タスクの粒度を小さくしておくことは、この 90% シンドロームの発生を防ぐことにもつながります。

タスクボードで見える化しておくことのメリットはいくつかありますが、もうひとつ例を紹介しておきます。それは WIP（Work In Progress）制限をかけやすいということです。

WIP 制限

仕掛中のタスク（WIP）の数に制限を設け、ひとつひとつのタスクに集中して進めることを促す方法を WIP 制限といいます。適切に WIP 制限を設定することでコンテキストスイッチ（次で解説します）の多発を防ぎ、集中してタスクを前に進めることができます。適切なWIP制限はチームの状況によって変わってきますが、チームの人数以下の小さい数に設定しておくと、自然と複数人でひとつのタスクに取り掛かる状況が生まれるためおすすめです。

コンテキストスイッチ

ひとつのタスクから別のタスクへ切り替える際に、気持ちの入れ替えやこれから取り掛かるタスクの思い出しなどが必要になります。これがコンテキストスイッチです。このコンテキストスイッチが頻繁に発生すると集中力の低下を招き、その人本来のパフォーマンスを発揮することができません。また、注意を向ける対象が頻繁に切り替わるため、疲労が増加するというデメリットもあります。個人が活動に完全に没頭し、高い集中力とエンゲージメントをもって素晴らしいパフォーマンスを発揮する状態を「フロー状態」といいますが、コンテキストスイッチはこのフロー状態への突入を阻害してしまいます。WIP制限を施すことでコンテキストスイッチの発生が抑えられ、集中できる環境を作り出します。

図3-10 コンテキストスイッチ

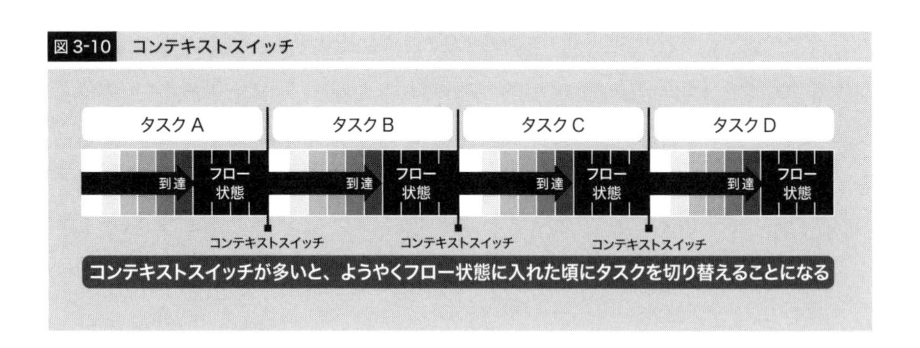

もしWIPにタスクを積みすぎると、その様子はタスクボード上に現れてきます（やっていること（Doing）のところにあるものがWIPです）。

図 3-11　WIP にタスクが積み上がる

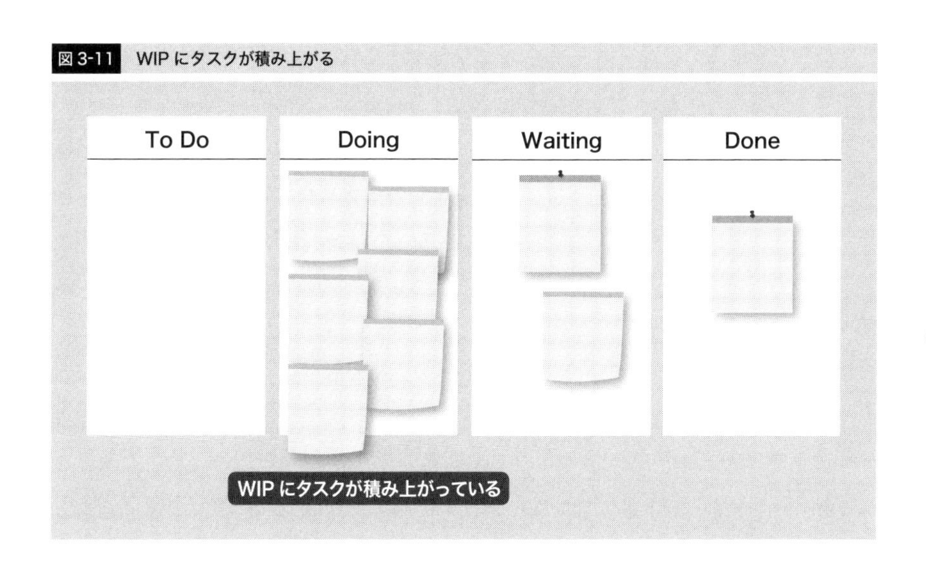

Doing レーンにタスクがうず高く積まれているとしたら、それは WIP を積みすぎているサインです。ひとつの目安として、メンバー数の 2 倍以上の数だけタスクが積まれていたらそれは積みすぎです。

このように一目でタスクの積みすぎがわかるため、WIP 制限に違反してしまったことにすぐ気がつくことができます。

チームで高頻度にシンクロする

チームの状況を短い時間で共有する場をデイリースタンドアップといいます。これは、注意力をミーティングに向け、短い時間で集中して話し合うために全員立ったままでデイリーミーティングを行うことに由来した名称です。リモートワーク主体の現場では「全員集まってスタンディング」という状況がそもそも成立しないので、名称は自分たちにとってしっくりくるものに設定するのがよいでしょう。本書では「デイリースタンドアップ」という名称で解説します。

デイリースタンドアップは全員が「昨日やったこと」「今日やること」「気になっていること」を共有するやり方がスタンダードです。この 3 つの質問に答えていくことで端的にチームの状況を明らかにし、問題が発生していれば早期にチームで対処することを可能にします。

やり方についてはチームの状況にあわせてアレンジしていきます。たとえば、目標にフォーカスするために「開発サイクルの目標を達成するために今必要なことは何か？」といった質問を追加してもよいでしょう。また、さきほど紹介したタスクボードをチーム全員で見る時間にすると、チームが置かれている状況をメンバー全員で理解する時間にすることもできます。

筆者が以前在籍していたチームでは、ひとつのプロダクトバックログアイテムに対して複数のメンバーが取り組む体制をとっており、デイリースタンドアップでは優先順位の高いアイテムから順次共有していく、という方法をとっていました。これはタスクのオーナーシップを個人ではなくチームに帰属させたいという狙いからとった方法です。

デイリースタンドアップの最中に「それはこのあと相談しましょう」「こっちの不具合が気になるので優先的に対応しませんか？」といった小さいアクションの提案が起こっているならば、そのデイリースタンドアップはうまく機能していると言えるでしょう。

反対に集まりが悪い、明らかに課題があるのに誰も触れない、「特にありません」しか出てこない状態であれば機能不全の兆候を示しています。あらためてデイリースタンドアップの意義をチームで共有する、みんなが集まりやすい・集中しやすい時間で設定し直す、問題を深掘りできるファシリテーターに参加してもらうなど機能させるための打ち手を講じていきましょう。

STEP 3-4

開発サイクル中の成果から学ぶ

ここからは、開発サイクルごとの小さい目標が達成されたかという点についてフォーカスしていきます。

開発サイクルの終点では、チームが生み出した成果を確認し、そこから学びを得る時間を設けます。ここでは、この時間をレビューと呼びます。自分たちが作ろうと思っていたものを思った通りにつくることができたか、ステークホルダーの期待を満たすことはできたのか、得られたクイックウィンはOKRを進捗させるものだったのかなどを点検していきます。

この場合には開発サイクルでの小さい目標に関係するステークホルダーを招へいすることをおすすめします。実際に出来上がった成果物をステークホルダーが直接確認することで、検討段階では気づかなかった課題や新たな要望に出会うことができます。

チームいきいきでの取り組みを例として見ていきましょう。このチームでは1週間単位で開発サイクルを回しています。サイクルの真ん中あたりで、そのサイクルでの成果物に関連があるステークホルダーに対してレビューへの参加を呼びかけています。

「@stakeholders 明後日の9:00からレビューを実施します。開発中のプロダクトのデモを実施するので、ぜひご参加ください」……っと。送信。みんなきてくれるといいなー

レビューではプロダクトマネージャーから現在のプロダクトが置かれている状況（利用者数、利用率など）について紹介し、続けて開発メンバーがその開発サイクル中に生み出した成果を披露します。多くの場合、実際に動くプロダクトを見てもらいます。このプロダクトを触りながら、ステークホルダーから「こういった文言があったほうがよさそう」「このボタンを上のほうにもっていけますか？」といったフィードバックをもらいます。もらったフィードバックはプロダクトマネージャーを中心にどう扱うか検討していきます。

今回は、ユーザーの利用ログを分析した結果から、動画コンテンツまでの画面遷移を簡略化する試作をしてみました

へー、これなら動画を見てくれる人も増えそうだし、いいね。ただ、動画を見るつもりのないユーザーは、いきなりここに遷移するとびっくりしない？

たしかに……！

押し付けがましくならないよう、もう一工夫あったほうがいいかもしれませんね。フィードバックありがとうございます！

まあ、僕にとっては朝飯前だよ

レビューの場を有意義なものにするためには、実際に動くプロダクトを触ることができるようにしておく、来てほしいステークホルダーが来れる状況にしておくといったアクションを前もって実施しておくことが大切です。いざレビューが始まったらプロダクトが動作しなかった、フィードバックしてほしいステークホルダーが欠席していたといった失敗体験を回避するためにも、図にあるように前もってレビューの準備をしておきましょう。

図3-12　レビューまでの流れ

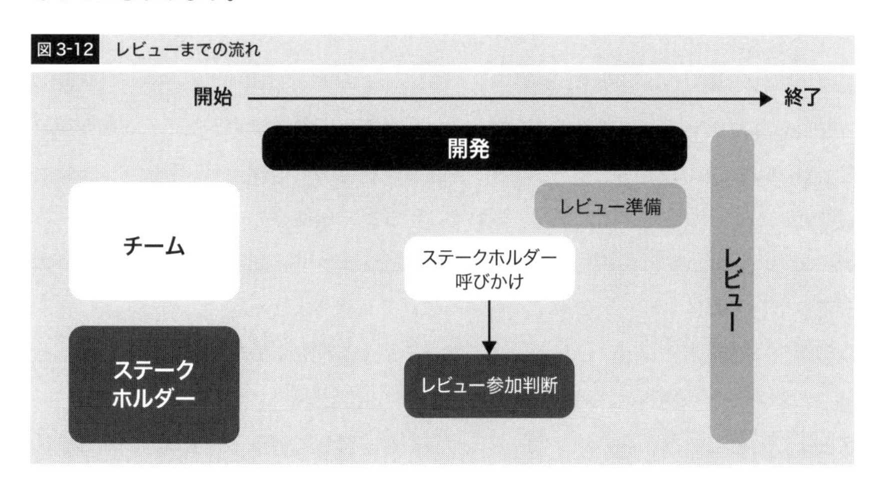

ステークホルダーの予定が確保できません

困ったな……ステークホルダーを呼びたいのに予定が合わない……

往々にしてステークホルダーは忙しいですからね。1週間以上前から確保しておく、レビューに参加してもらいたい理由を対面で伝える、などのアクションをとるとよいでしょう

ですね……それでも予定が合わない場合はどうしたらいいですか？

毎週が無理なら隔週、1ヶ月など頻度を落として参加してもらうのも選択肢のひとつです。まずは「ステークホルダーが参加している」という状況を作るところから始めましょう

レビューはがんばったことをよしよしする会じゃない

さきほど述べたように、レビューはチームが生み出した成果から学び、目標達成に向けて小さく軌道修正するための営みです。気をつけたいのが、これは学びを得るための場であってがんばったかどうかを確認する場ではない、ということです。

「予定した通りに作りきることができました！」。いいことです。でも、作りきって得たものはなんでしょうか？

「今回は作りきることはできませんでしたが、せっかくなのでやったことを紹介します」。がんばったことを紹介したい気持ちはわかります。でも、そこから学べることはなんでしょうか？　プロダクトについての学びが得られるならぜひ紹介してください。でも、「ここまでがんばったんだよ！」ということが伝わる以上のものがないのであれば、それはレビューの場で共有することではありません。

リーダー・マネージャーとしてはメンバーのがんばりを認めたいという気持ちがあるため、レビューの場で仕掛中のものを共有することを許容してしまいたくなります。**でも、がんばりを認めるのはレビューの場じゃなくてもできることです。がんばりは**

ちゃんと認めていることを伝え、その上でレビューはがんばったで賞授与式ではなく生み出した成果から学びを得る場である、ということをチームの共通認識としてもちましょう。

そうはいっても、なかなか予定した通りに作りきることができない……と悩んでいる方。もしかすると、生み出そうとしている成果のサイズが大きいため、開発サイクルの中で完成させられないのかもしれません。レビューの対象となる成果は小規模なものでかまいません。むしろ小さいサイズのほうが、何に対してレビューするのかが明確になるためレビューしやすいでしょう。開発サイクルで自分たちが作りきれるサイズでクイックウィンを設定する、ということにチャレンジしてみてください。

STEP 3-5 開発サイクル中の動き方から学ぶ

もうひとつ大切なのが、開発サイクル中に自分たちがどう動いたかをふりかえることです。これを「ふりかえり」と呼びます。ふりかえりが経験を学びに変え、チームを成長させていきます。ワクワクするチャレンジングな目標を達成するためにチームが成長することは重要であり、チームの成長を後押しするふりかえりは欠かすことのできない大切なものです。

CodeZineの記事「アジャイル開発で欠かせない『ふりかえり』、チームを強くするための3つの段階とは」(※3-2)では、ふりかえりを以下のように定義しています。

ふりかえりは、チーム全員で立ち止まり、チームがより良いやり方を見つけるために話し合いをして、チームの行動を少しずつ変えていく活動です。毎週や隔週など定期的に、毎回同じ時間にチーム全員で集まって行います。チームにとって今より良いやり方がないかを話し合い、やり方をカイゼンするためのアクションを検討していきます。

この定義にある「チームの行動を少しずつ変えていく」という点にフォーカスして、掘り下げてみます。「少しずつ変える」ことを実現するためには、次のような行動が考えられます。

1. 明示的に新しいアクションを行う
2. もともとやっていたアクションに変更を加える
3. マインド面での変化をもたらす

 明示的に新しいアクションを行う

チームが明確な課題を抱えている場合や、これをやったらよくなるというアクションが見えている場合は明示的に新しいアクションを行っていくと効果的にチームを前進させることができます。

ふりかえり対象期間にあったことを思い出し、続けたいこと（Keep)、課題に思っ

※3-2　https://codezine.jp/article/detail/13572 より引用

ていること（Problem）、KとPから学び次に試したいこと（Try）を出していくKPT（ケプト）という手法は、この「明示的に新しいアクションを行う」という目的に適した手法のひとつです。

図3-13 明示的に新しいアクションを生み出す手法のひとつKPT

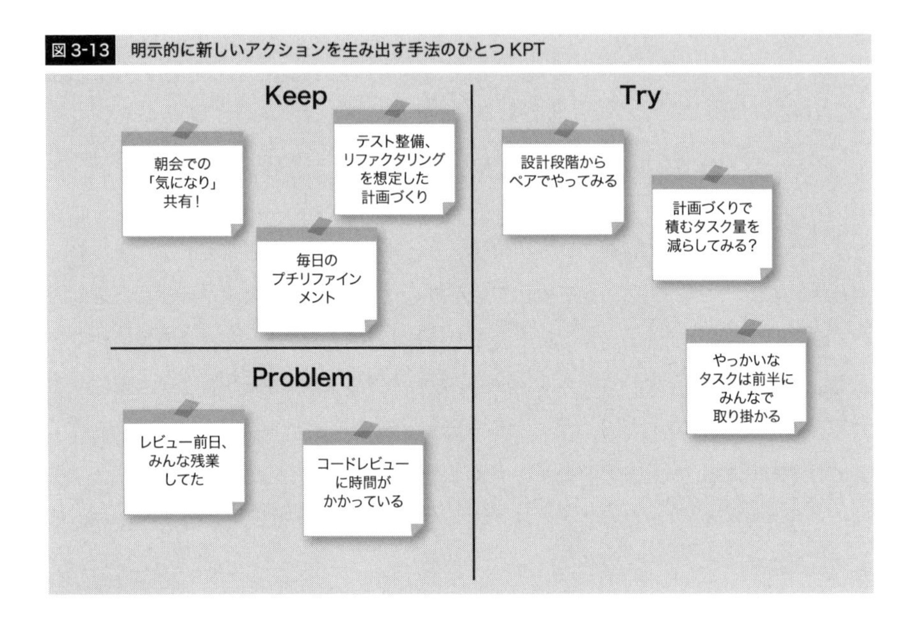

Q&A Tryがどんどん溜まっていく……

このチームでは前からKPTでふりかえりをやっているんですけど、Tryをやりきる前に次のTryが出てきて、どんどんTryが溜まっていっちゃうんですよね

ルールとして追加したTryが延々増えていって、気がついたら守らなきゃいけないルールがたくさん増えちゃったりね

実行するべきTryが溜まっていく、ルールが増えていく、どちらもKPTでふりかえりを行っていると発生しやすい課題です。Tryが溜まる問題については、設定したTryを実行するまではTryを増やさない、実行されていない理由を深掘りして実行できるようにするといった解決策が考えられます。ルールが増えていく問題については、定期的に棚卸しを行うとよいでしょう。形骸化しているものや、ルールとして明示しなくてもよいくらいチームに馴染んでいる習慣はルールから外していきます

もともとやっていたアクションに変更を加える

ある程度チームが成熟してきたなら、新しいアクションを加えるよりもすでに実施しているアクションに手を加えることが適している可能性があります。アクションが増えすぎると煩雑になってしまうのでアクション数は一定の数におさえておきたいですし、以前決めたアクションは今では陳腐化している可能性があります。そのため、アクションの追加ではなく更新にフォーカスしたふりかえりを行うことが重要です。

アクションの更新に適しているのがSmall starfishという手法です。この手法では続けたいもの（Keep）、減らしたいもの（Less of）、増やしたいもの（More of）のアイデアを出していきます。Less、Moreという単語選びからもわかるように、自分たちのAS ISから、考えよりよい自分たちになるためにどう行動するかを考えるフレームワークで、アクションの更新と相性がいいです。

目標達成に向けてプラスになっているアクションはMoreに、逆にブレーキになっているアクションはLessに置いていくといいでしょう。

図3-14 Small starfish

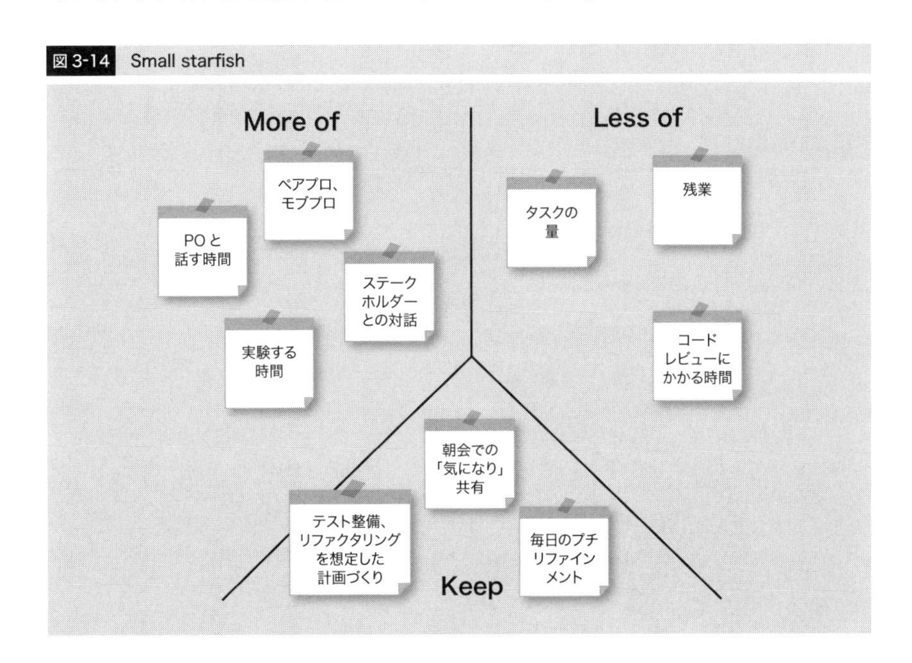

マインド面での変化をもたらす

チームが比較的安定している状況であれば、自分たちの状態を俯瞰し、あり方を再考するようなふりかえりを行ってみてもよいでしょう。また、大きめのリリースがあった、メンバーの入れ替わりがあったなどチームにとって区切りとなるタイミングでも、自分たち自身のあり方をふりかえることで内面的な変化が得られる可能性があります。

余談ですが、SNS 等では「ふりかえりは必ずしもアクションを設定しなくてよい」という意見を見かけることがあります。これは「マインド面の変化をもたらす」ふりかえりのことを指しているのかもしれません。

マインド面で変化をもたらすことを手助けしてくれるフレームワークを 2 つ紹介します。

ひとつが、楽しかったこと（Fun）、やり遂げたこと（Done）、学んだこと（Learn）を共有するその名も Fun ／ Done ／ Learn です。たとえば、Done は多いけれども Learn はあまりない状況だとすると、チームは十分に成果を出せる状態にはなっているけれども、新しいことへのチャレンジが足りていないかもしれない、ということがわかります。それを認知することで内面に変化が生まれていきます。

図 3-15 Fun ／ Done ／ Learn

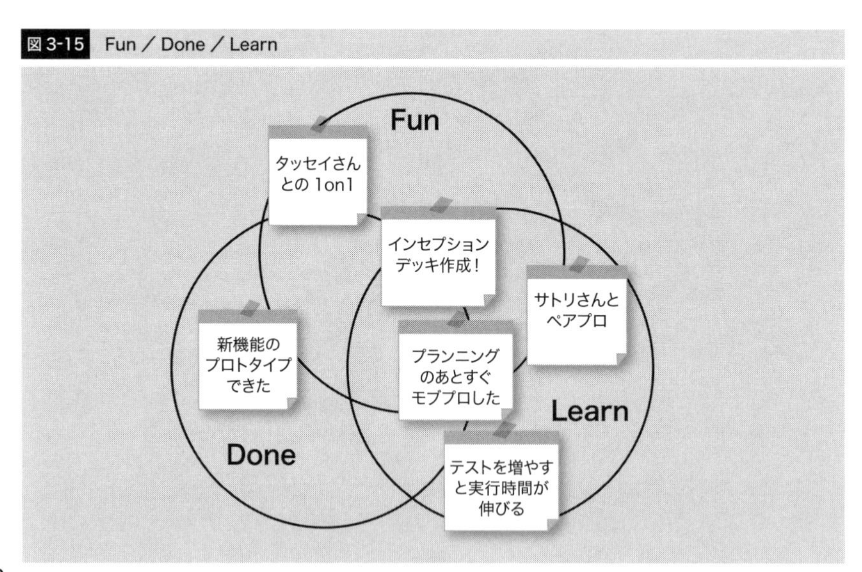

もうひとつがCelebration Grid（※3-3）です。Celebrationという言葉が示すように、チームが得た学びを祝い合うことを目的としたフレームワークです。いつも通りに行動したこと（PRACTICES）、チャレンジしてみたこと（EXPERIMENTS）、ミスしてしまったこと（MISTAKES）が、結果としてよい結果につながったのかそうでなかったのかを分類していきます。

横軸では行動のふるまい（BEHAVIOR）をミス（MISTAKES）、実験（EXPERIMENTS）、プラクティス（PRACTICES）で分類していきます。

- **ミス（MISTAKES）：何かしらの誤った行動をしてしまったことで、どんな結果が得られたのかを表す**
- **実験（EPXPERIMENTS）：今までやったことのなかったことやチャレンジしたことを指し、実験をしてどんな結果が得られたのかを表す**
- **プラクティス（PRACTICES）：ルールや習慣にのっとって実践したという行動と、それによる結果を表す**

縦軸は事象の成否（OUTCOME）で分類します。失敗（FAILURE）または成功（SUCCESS）による2分類です。

Celebration Gridを使うと、自分たちのチームがチャレンジできているのか、ミスが多いのか少ないのか、いつも通り行動している中で変化が生まれているのかなど様々な情報を得ることができます。

たとえば、ミスをしてしまった（MISTAKES&FAILURE）けれども影響は軽微だから気にせずどんどんチャレンジしていったほうがいいこと、チャレンジの成功率が下がってきている（EXPERIMENTS&FAILURE）から何か対策したほうがいいことなどに気づくことができます。

ワクワクするチャレンジングな目標には、失敗はつきものです。その失敗からさえも学びを得るこの手法は、チャレンジし続けるチームの成長を後押ししてくれます。

※3-3　Management 3.0 3-4 のプラクティスの1つ

図 3-16 Celebration Grid

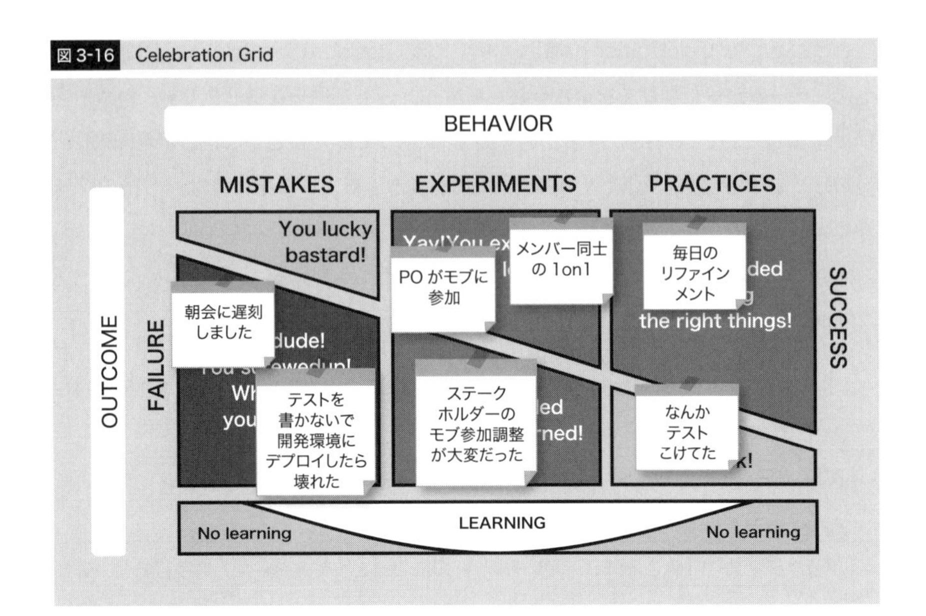

Q&A どうやってふりかえり手法を選べばいいの？

ワタル：ふりかえりの手法っていろいろあるけど、どうやって選ぶといいんでしょうか？

サトリ：私が以前所属していたチームでは、毎回違うふりかえり手法を試していました。実験的な試みが多かったときはその実験がどうだったのか確かめたいので Celebration Grid を採用したり、チームとして区切りになるタイミングでは Fun ／ Done ／ Learn をやってみたりしていました

ワタル：ふむふむ。ふりかえりを効果的に行うためには、日頃からチームを観察しておくことが大事なんですね

サトリ：その通りです。また、自分の引き出しにふりかえり手法を複数もっておくこともおすすめです。私は『アジャイルなチームをつくる ふりかえりガイドブック』3-5 という書籍を参考にしています

STEP 3-6

開発サイクル中の学びを活かす

 チームで余白を持つ

Q&A「開発者の手が空いちゃったらどうするの？」(74ページ) で少し触れましたが、レビューやふりかえりで学んだことを活かすためには余白が必要です。レビューが終わった段階ですでに次の開発サイクルで取り組むことが決定されているならば、学びを活かす機会はありません。開発サイクル中すべてが開発時間にあてられているとしたら、ふりかえりで出てきたアクションを実行する余裕はありません。

木こりのジレンマという有名な逸話があります。がんばって木を切っている木こりがいます。通りかかった旅人が、木こりが使う斧が刃こぼれしていることに気づき、それを木こりに伝えます。「斧を研いだほうがいいですよ」、と。すると木こりは、「木を切るのに忙しくてそれどころじゃない！」と返し、切れ味の悪い斧で木を切り続ける……という話です。

余白を持たないチームの状況は、この逸話にぴったり当てはまります。

本書で扱っている目標は、「そのままの自分たちでは達成できないようなチャレンジングなもの」です。**斧を研がずにいては、自分たちの掲げた目標は達成できないのです。**

では、具体的にはどのようにして余白を作ればよいのでしょうか。計画づくりの段階で余白を織り込んでおく、週に1回はカイゼンタイムを設ける、隔週で勉強会を開催するなど様々な方法があります。筆者のチームでは「新規開発50%、カイゼン20%、残り30%は都度相談」というワーキングアグリーメントがあり、明確にカイゼン、つまり斧を研ぐ時間を確保しています。

図3-17　筆者のチームでのワーキングアグリーメント

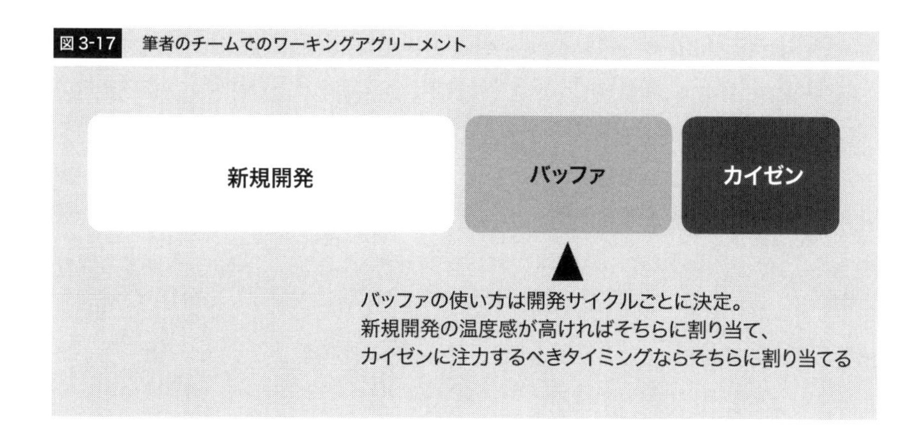

業務時間内で自己研鑽の場を設計する

斧の研ぎ方として、自分自身のスキルを上げるという手段もあります。汎用的なスキルであればどこの現場でも使えるものであり、自分にとってもメリットがあるので積極的に自己研鑽を行っていきたいところです。では、自己研鑽はいつ行うべきなのでしょうか。

エンジニアは勉強し続けるべきだ、という主張とそれにまつわる論争は以前からあり、今も続いています。本書はチームで目標を追いかけていくためのガイドブックであり、その観点では「プライベートの時間を割かなくても自己研鑽できるように場を設計する」ことを推奨する立場をとります。チームに属するメンバー一人ひとりの成長がチーム全体の成長につながると考えると、自己研鑽をチームが行う仕事の中に折り込むのはごく自然なことです。

自己研鑽の場は、学びたい技術についてハンズオンを実施する、読書会を行う、学びを共有するための LT 大会を実施するなどの方法で作り上げることができます。

もしあなたが自己研鑽を促すマネージャーの立場であれば、書籍購入やイベント参加の補助金を出す、定期的な社内イベントを企画するなどの取り組みを検討するとよいでしょう。

そして、場や仕組みは作って終わりではありません。使われてこそ、そこに意味が

宿ります。メンバーに自己研鑽を奨励していることを、しつこいくらい何度も伝えてください。なぜなら、業務時間に読書や勉強会への参加、今目の前の業務とは直接関係のない技術のハンズオンに参加することにためらいを感じる人は少なくないのです。その背中を押し、斧を研ぐことが生産性を高めることにつながり、結果的に組織としてもうれしいのだから積極的に斧を研いでもいいんだ、ということに気づいてもらうことが大切です。マネージャー、リーダーであるあなたは、それができる立場なのです。また、マネージャーやリーダーではないメンバーとしての立場からも、自己研鑽の場を提案していくことはできます。チーム全体で学んでいく文化を作っていけるとよいでしょう。

References

3-1『Learn Better―頭の使い方が変わり、学びが深まる6つのステップ』アーリック・ボーザー（2018、月谷真紀 訳、英治出版）

3-2『トヨタ生産方式―脱規模の経営をめざして』（1978、大野耐一、ダイヤモンド社）

3-3『なぜなぜ分析 10 則：真の論理力を鍛える』（2009、小倉仁志、日科技連出版社）

3-4『Celebration Grids』（https://management30.com/practice/celebration-grids/）

3-5『アジャイルなチームをつくる ふりかえりガイドブック 始め方・ふりかえりの型・手法・マインドセット』（2021、森一樹、翔泳社）

自分の成長と組織からの評価は、重なるが別のもの

小笠原 晋也
Shinya Ogasawara
KDDI アジャイル開発センター株式会社
アジャイルコーチ

本書はチームの目標設定とその達成に向かうアプローチについて書かれていますが、組織において、目標設定は成長や評価と一緒に語られることが多いのではないでしょうか。

目標設定に成長内容が組み込まれ、それが評価されて給与が決まる、といったロジックをよく耳にします。

組織として公平な評価のためにこのようなロジックが必要であることは理解できます。しかし、個人としては、重なる部分はあるものの、自分の成長と組織からの評価は別のものと捉えておく方が良いと私は考えています。

人が成長する機会は多岐にわたります。たとえば、「みんなの前で質問することが苦手だったが、勇気を持って質問できるようになった」「作業中すぐに気が散ってしまっていたが、意識が変わって集中できるようになった」「人の悪口ばかり言っていたが、よいところを見つけて尊敬の気持ちを持てるようになった」。これらはどれも個人の成長と言っていい内容だと思います。一方で、給与に影響があるような評価をされるかと言われれば必ずしもそうではないでしょう。

組織において成長を評価することは、多くの場合、給与を上げることを意味します。しかし、給与は無限には上げられませんので、他者と比較して優劣をつけたり、組織への貢献がある成長だけを評価したりするなど、成長の選別を行うことになります。

評価を受けた個人としては、評価されなかった成長は意味のないものと感じてしまうかもしれません。自分としては頑張っ

て挑戦して成長を感じているが評価されなかった、という経験を多く積んでしまうことで、学習性無力感を覚えて、成長する意欲を失ってしまうこともあるでしょう。

ここで大切になるのは、他者の評価に左右されるのではなく自律することです。人は様々な経験を通じて、学びを深め成長していきます。その内容はとても複雑なので、評価という枠には当てはまらないものもありますが、確実に自分の中で育っています。自分はどんなことがしたいのか、自分の人生をどのように過ごしたいのか、というような自分のありたい姿を考えながら、そこに向かえるように、自律的に成長していきましょう。他者からの評価が自分のありたい姿と一致しているとは限らないのです。組織から評価を受けることも大切ではありますが、自分のありたい姿を実現するためのひとつの要素に過ぎないと考えることもできます。

私たちは社会的な生き物であり、アジャイルはチームを中心に考えていきますが、その前に必ず個があります。個々の幸せはそれぞれ異なるもので、チームとして共通点を探すことはあっても、一致することはありません。そのため、個々が自律することが大切になります。

あなたの人生の幸せを定義するのも、そこに近づいていけるのもあなたしかいません。他者からの評価ではなく自分の軸を持って、ワクワクできる自分の目標に向かっていきましょう。

STEP 4

チームのマインドを育てよう

高い目標と向き合っていると、うまくいかないと感じる瞬間にたくさん出会います。「私たちにはやっぱり無理な目標だったよね。自分たちなりにがんばった！」と諦めてしまうか、「このやり方だとうまくいかないんだね、勉強になった！　さて、うまくいくやり方を探そうか」と前に進み続けるかの分水嶺があります。このSTEPでは後者、どこまでも前のめりにゴールへ向かい続けるマインドを育てる方法について解説します。

ワタルくんのリーダーも
ずいぶん板についてきたね！
とても
やりやすいです
そうかな？
うれしいなぁ
エヘヘ

うーん……
確かに働きやすいん
だけどー

みんな
目標達成については
どう考えてるの？

おや……

僕は正直……
自信ないな……

実は僕も……
うまくいくのか
心配なんだよね

えー！？
しっかりしてよ
リーダー！
おや　目標について
話し合ってるのですか

聞いてよー
ワタルくんと
イシバシくんが
弱腰でさー
目標に対して
不安を感じている
というわけですか

ではマインドセットに
ついて考えてみましょうか

STEP 4-1

失敗することに成功する

「失敗は成功の母」、ということわざがあります。スタートアップの世界では、誰よりも早く、多く失敗することを奨励する「Fail Fast」という言葉があります。かのトーマス・エジソンは「失敗すればするほど成功に近づく」という旨の発言を遺していま す。このような逸話からは、新しい世界を切り拓いていくには失敗することが大切だということが伝わってきます。それにもかかわらず、私たちは失敗を恐れます。失敗を避けたいと考えてしまいます。それはなぜなのでしょうか。

ふりかえりのパートで紹介したCelebration Gridでは、行為の失敗であるMISTAKESと結果の失敗であるFAILUREを分けて扱っていました。

行為の失敗に該当するのは、やるべき手順をスキップしてしまう、うっかり違う作業をやってしまうなど注意を払っていれば避けられたかもしれないものです。こういった失敗は減らしていきたいものですが、人間はうっかりミスをする生き物なので「減らしていきたい」という気持ちだけで減るものではありません。自動化してしまい、手順がスキップされようがない状態にするなど仕組みで解決したいところです。

このように行為の失敗については自分がコントロールしているものですし、それをやったら失敗するということがほぼ確実にわかっています。では、結果の失敗のほうはどうでしょうか。行為の失敗があるときには結果もほぼ失敗するだろうということはわかりますが、新しいチャレンジをしている場合にも結果の失敗は訪れます。**それどころか、いつも通りのルーティンを踏んでいても結果の失敗が現れることがあるのです。**

失敗にまつわる逸話が指す「失敗」は、結果の失敗です。チャレンジすれば失敗するし、チャレンジしてなくても失敗することさえある。場数を踏めば失敗はついてくる。逆にいうと、失敗を経験していないということは場数が足りていないということの証左でもあるのです。

私たちが失敗を恐れてしまう理由として、失敗と言われたときに「行為の失敗」を思い浮かべてしまうというのがあります。前述したように、行為の失敗はできれば避けたいものです。それに対して結果の失敗は不可避的に発生します。そして、結果の失敗に対しても「あのときこうすればよかった……」という後悔とともに行為の失敗と捉えてしまうため、それが行為の失敗だろうが結果の失敗だろうが、とにかく「失敗」というものを避けたくなってしまいます。Celebration Gridの図でいうと、避けるべきはMISTAKESに属する行為の失敗なのですが、FAILUREに属する結果の失敗も避けたくなってしまうということです。EXPERIMENTSに属する行為であれば、その結果がSUCCESSだろうとFAILUREだろうと学びが得られるのですが、FAILUREを引き起こす可能性の高いチャレンジから距離を置いてしまうのです。

図4-1 行為の失敗と結果の失敗を分けるCelebration Grid

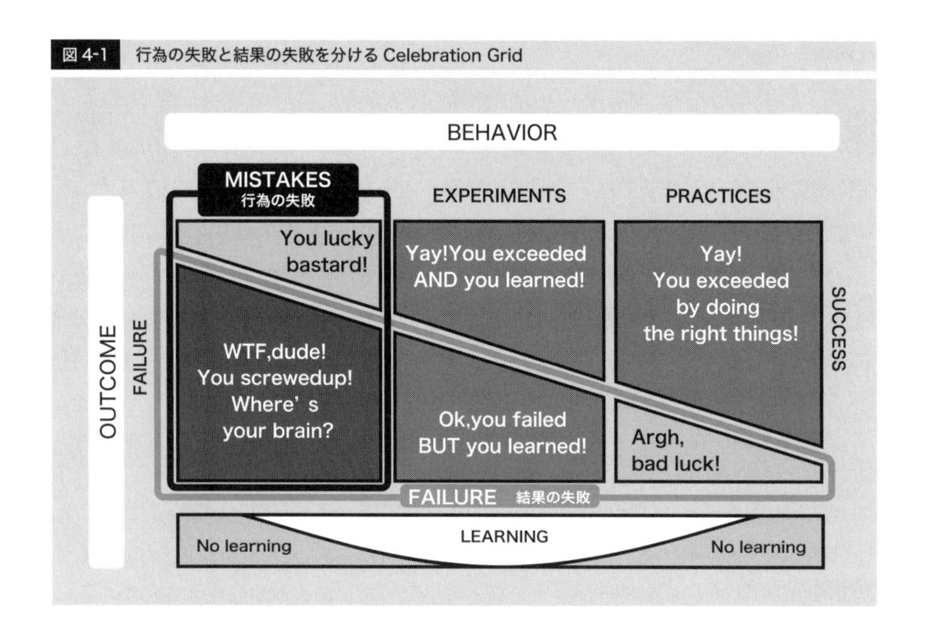

インド映画『RRR』のクライマックスで、「責務とは行為にある。その結果にあらず。飢えた我が血の最後の一滴まで責務に向かって突き進むのみ」というセリフがあります。これはヒンドゥー教の聖典のひとつであるバガヴァッド・ギーターで語られる考え方にその源流をもつセリフです。行為には責任を持つが、その行為の結果には執着しないという原則です。人は自分の行動に全力を尽くすべき、実行責任を持つべきですが、その結果に対しては無執着でいるべきとされています。この考え方を持つと、自己の義務を果たしながら内面的な平穏とバランスをとることができます。ひとつひとつの実行に対しては結果責任を持たない、失敗を許容する。けれども最終的には結果を出すことにこだわり抜く。だからこそ失敗を恐れず何度も実行していくことが大切です。**失敗を恐れる気持ちが湧き上がってきたときは、「責務とは行為にある。**

その結果にあらず」というセリフを思い出し、チャレンジするという行為そのものに勇気をもって全力投球しましょう。

以下に、失敗が成功への道を開いた歴史上の事例をいくつか紹介します。失敗を恐れる気持ちを抑え、一歩踏み出す勇気をもたらす一助になれば幸いです。

表 4-1　失敗が成功への道を開いた歴史上の事例

人物	結果の失敗の内容	得られた成功
トーマス・エジソン	低価格で効率的に生産できる電球にたどり着くまで数千回失敗	低価格・効率的な電球の実現、発明家としての名声
ライト兄弟	動力飛行機の試作で度重なる失敗	世界初の有人動力飛行に成功
J.K. ローリング	ハリー・ポッターの初稿が多くの出版社に断られる	世界的な大ヒット作品の出版
スティーブ・ジョブズ	1985 年に Apple を解雇される	NeXT とピクサーの設立、Apple への復帰

 コルブの経験学習モデル

経験から学ぶプロセスは、組織行動学者のデヴィッド・コルブにより「経験学習モデル」として理論化されています。

図 4-2　経験学習モデル

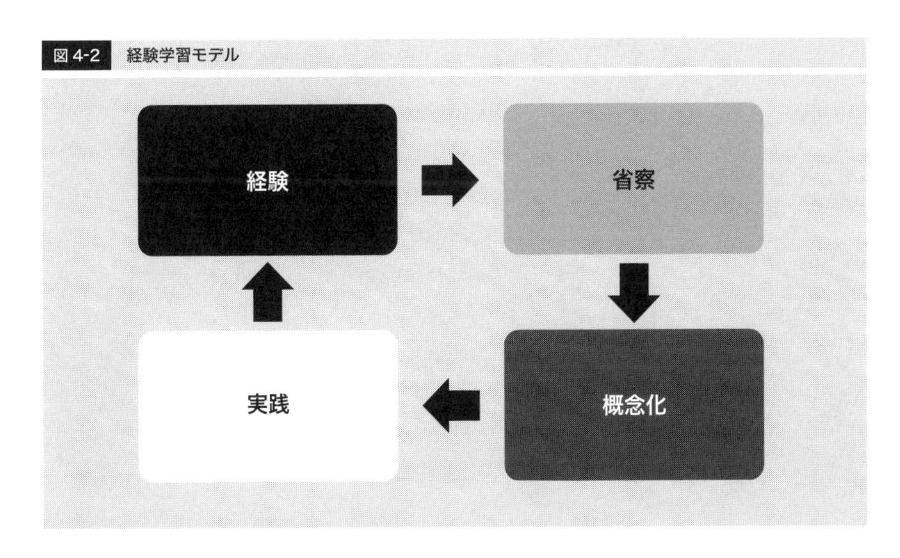

この経験学習モデルを意識しながら行動することで、失敗体験からも効果的に学ぶことができます。

今回、「フィットネス動画視聴率が 80% になっている」という Key Result に効くという想定で実施した施策が、思ったほどの効果を生み出しませんでした。チームいきいきはそれを「失敗」として捉えています。この事象から経験学習モデルを活用して学びを抽出してみましょう。

経験

・KR「フィットネス動画視聴率が 80% になっている」に対し、動画視聴機能をトップ画面から遷移できるようにすることで 10 〜 20% 程度視聴率を底上げできると考えていた

・実際にやってみたところ視聴率は特に変化がなかった。動画を視聴しない使い方をしているユーザーから「強引に動画視聴に誘導しようとするな」というクレームが届いた

図 4-3 動画視聴に誘導しようとしている

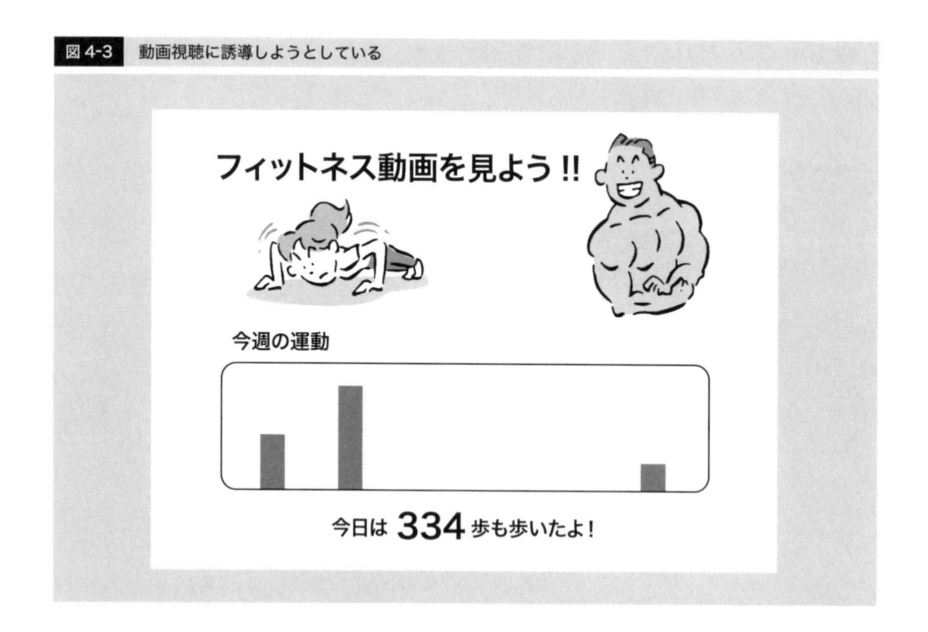

省察

・動画視聴機能の利用率が低いのはアプリの深い階層にあるから、というわけではなさそうだということがわかった
・また、動画視聴しない層にとっては動画視聴への導線をトップに設けることはノイズになってしまうことがわかった

概念化

・ikky のユーザーは自分の意思でコンテンツを選択したいという欲求を持っている。サービス提供側が使ってほしいからといって全面に押し出しすぎると、ユーザーからすると押し付けに感じられて心象がよくない。ユーザーのニーズに基づいてコンテンツを提案していくほうがよい

実践

・どのようなユーザーが動画を必要としているのかを分析する
・使ってほしい機能をアピールするのではなく、その機能が必要なものであるとユーザー自らが気づくようなアプローチをしていく

Q&A とは言っても失敗は怖いよ

実際問題、失敗するのって怖くないですか？

失敗を避けたいと思うことは自然なことです。では、どうやって失敗を受け入れられるマインドを獲得していくか。ひとつは、「小さく失敗する」ということ。もうひとつは、他の人たちも失敗しながら成長してきたと知ることです

私だっていっぱい失敗してきたよー！

カモメ

 失敗体験の共有

成功体験に比べて、失敗体験が表に出てくることはあまり多くありません。それゆえ失敗をレアな事象で、取り返しのつかない大変なことだと捉えてしまいます。ですが、失敗したことがない人はいません。

あなたから見て失敗なんかしないように見える偉大な先輩も、きっと何か失敗を経験してきています。新しいことにチャレンジするということは、うまくいくかわからないことに取り組むということです。失敗があって当然です。それはチャレンジしている証でもあります。

これまでにそれぞれのメンバーが経験してきた失敗体験を共有しましょう。この人でもそんな失敗をすることがあったんだ、と知ることができます。

そして、そんな失敗をしていた人が今は失敗をしない人に見えているとしたら、それはその人が失敗を糧に成長してきたという事実を示しています。テストコードを書かないでデプロイしたため本番障害が発生してしまい、当時お世話になっていたチームリーダーが顧客へ謝罪することになった。その出来事をきっかけにしっかりテストを書くようになった（筆者の実話です）。そういう「失敗から学ぶ」ということを、同じ現場の人間同士で共有してみましょう。

STEP 4-2 しなやか／硬直マインドセット

高い目標を掲げ、そこに向かっていくためには、自分には伸びしろがあり成長していけるという考え方を持つことが大切です。「しなやかマインドセット（growth mindset）」4-1 はまさにそういった考え方です。

このマインドセットは、人間の基本的資質は努力次第で伸ばすことができるという信念を根底に持ちます。

反対に、自分の能力は固定的で変わらないと信じるマインドセットを「硬直マインドセット（fixed mindset）」と呼びます。

勉強会に参加して登壇者の発表に感銘を受けた。年下の起業家が大型の資金調達に成功したというニュースを見た。そういったときに、すごく努力した人たちなんだな、自分もああいう風に成長できるかもしれないな、と考えるのがしなやかマインドセットで、あの人たちは特別だから自分には関係のない話だと捉えるのが硬直マインドセットです。そして、このマインドセットは時と場合によって変化していきます。もともとしなやかマインドセットだった人がプレッシャーにさらされる中で硬直マインドセットになったり、逆に硬直マインドセットだった人がチームメンバーとのコラボレーションを通してしなやかマインドセットになっていったりします。

さて、このマインドセットについての考え方をみなさんのチームで活かしていくためには、どうしたらよいでしょうか。まず、現状がどうなっているのかを理解することが大切です。

現状を分析するためには発言や行動を観察します。経験のない新しいことに積極的にチャレンジしていたり、「がんばってるね」「どうやったらできるかな」といった発言が出ていたら、しなやかマインドセットを持っていると言えるでしょう。

反対に、実績がある方法や自分たちが慣れていること以外を避けたり、「頭がいい／そうでもない」「向いてる／向いてない」といった発言が出ていたら、硬直マインドセットになっている可能性があります。

では、チームいきいきの現状のマインドセットを分析していきましょう。

表 4-2　チームいきいきのマインドセット

メンバー	マインドセット	エピソード
ワタル	しなやか→硬直	もともと成長意欲が旺盛だったワタルくん。最近はリーダーという役割へのプレッシャーから失敗を恐れるようになってきた。「僕はリーダーに向いていない」といった発言が出てきている
カモメ	しなやか	新しいことに臆せず飛び込んでいくカモメさんはしなやかそのもの。うまくいかなくても「いやー学んだ学んだ！」とポジティブに受け止める
イシバシ	硬直	「それは無理です」「カモメさんは特別だからできるんですよ」といった発言が日頃から目立つ。できるという確信を持てないものに取り組むことが苦手
サトリ	しなやか	口数は少ないが、やると決まったことには積極的に飛び込んでいく。触ったことのない技術にも臆せずチャレンジする。チームのモブプログラミングでは年下メンバーからのフィードバックを真摯に受け止め自身の成長に活かしている
タッセイ	硬直	自分たちが達成できるのは能力が高いからだ、それを示すために達成していくのだ、と常々思っている。優秀さを示すために達成したい。「天才！」「やっぱ違うねー」といった、一見前向きだがプロセスではなく能力を評価するような発言が多い

ワタルくんはもともとはしなやかマインドセットだったのが、チームを成功に導かなければならないというプレッシャーから最近は硬直側に倒れつつあります。

では、私たちはどのようにしてしなやかマインドセットを獲得し、しなやかであり続けていけるのでしょうか。

自分の内面と向き合う〜メタ認知

今自分がどのようなマインドセットを持っているのか確認するという行為は、認知していることを認知するための行動「メタ認知」にあたります。

メタ認知を手助けするフレームワークが「認知の４点セット」4-2 です。この認知の４点セットでは、事実や経験に対する判断や意見を次の４つに分類します。実際の発言として出てくる意見から経験、感情、価値観と分析を掘り下げていくことで、その意見が出てくる背景を捉えることができます。

1. 意見：あなたの意見
2. 経験：その意見を持つ背景にある経験
3. 感情：その経験が紐づく感情
4. 価値観：意見、経験、感情からみえてくる大切にしている価値観

チームの中でも対照的なキャラクターを持つカモメさん、イシバシさんが同じ出来事に遭遇したとき、それぞれどのような認知の４点セットを持つのか見てみましょう。

表 4-3 サトリさんが開発を効率化させる新しいツールの導入を提案してきたときの認知の４点セット

認知の４点セット	カモメさん	イシバシさん
意見	いいじゃん！　やってみよう！	社内で成功事例が出てくるまで導入は控えるべきだ
経験	新しい取り組みがあるたびに成長してきた。最近だと AI がコーディングをサポートしてくれる IDE を導入して開発スピードがグッと上がった	新しいフレームワークを取り入れたところプロダクトにデグレが発生してしまったことがある
感情	うれしい！　ワクワクする！	焦り、悲しい、恥ずかしい
価値観	新しい取り組みは成長とワクワクを生む	新しい取り組みは慎重に見極めるべき

どちらの意見が正しいということはありません。人はそれぞれ異なる人生を歩み、経験を積み重ねてきています。そこで形成されていった価値観にはどれひとつとして同じものはなく、だからこそ同じ出来事に対しても全く異なる意見が出てくるのです。そのため、チーム内で意見が割れたときは、この認知の４点セットで意見から価値観まで掘り下げを行うことをおすすめします。意見対立を避け、お互いの価値観を知る機会にすることができます。

反対＝硬直マインドセットではない

新しいアイデアに対して反対意見が出た場合、その反対者は変化を嫌う硬直マインドセットの持ち主なのでしょうか。そうとは限りません。

ソフトウェア開発の現場では技術トレンドの移り変わりが激しいため、業界に入っ

たタイミングの違いでよしとされる価値観が大きく異なる場合があります。また、価値観は経験してきた会社の規模、プロダクトの状況によっても左右されます。

手戻りにより発生するコストが大きい業界に身を置いていたとしたら、軽微な不具合はリリース後に修正するような動き方には抵抗感を感じるでしょう。逆に、市場における急成長を目指すスタートアップで活躍していた人物がスピードよりも安定性を重視するエンタープライズ企業に転職したとすると、そのスピード感のギャップに違和感を覚えることでしょう。そして、その違和感を解消するためにスピードを出すためのアイデアを提案しても周囲は受け入れてくれないかもしれません。なぜなら、周囲はスピードよりも安定を重視する価値観を持っているからです。これはどちらが正しいということではありません。その価値観だからその意見が出てくる、なので結果として意見がぶつかってしまうということなのです。

そのため、新しいアイデアに反対意見が出た際には、その反対意見が出てくるに至った問題意識や価値観を掘り下げてみることをおすすめします。たとえば、STEP1で紹介したドラッカー風エクササイズを行ってみるなど、ワークショップの形で価値観の共有を進めるのも有効な手段のひとつです。

ふりかえりでメタ認知力を鍛える

ふりかえり手法「感情グラフ」4-3はメタ認知力を鍛えることに一役買ってくれます。時系列で感情の高低に合わせて、メンバーそれぞれ線を引いていきます。一人ひとり異なる線が引かれるため、ある時点で発生していた感情のギャップが明らかになります。

図 4-4　感情グラフ

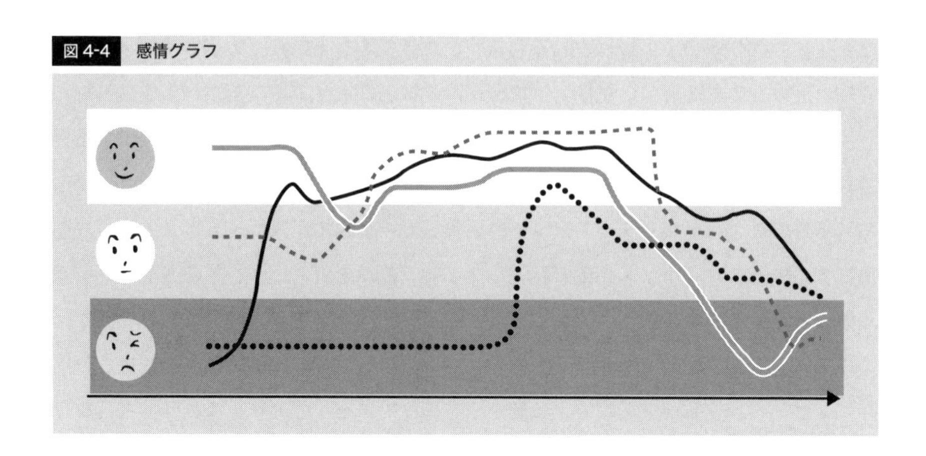

この手法を用いると、あるイベントに対してそれぞれが抱いた感情が明らかになります。感情にギャップがあるため、なぜその感情が発生したのかお互いに話し合っていくことになります。他の人の感情と自分の感情のギャップを知ることで自分の感情の発生源を知ることができ、またある出来事に対して発生する感情は必ずしも同一ではないということに気づけます。こういった、自分の感情に自覚的になれるプラクティスを繰り返し実践していくことで、メタ認知能力を高めることができます。

さて、チームいきいきのみんなで感情グラフを作成し、話し合っているようです。

図 4-5　感情グラフ（チームいきいきの例）

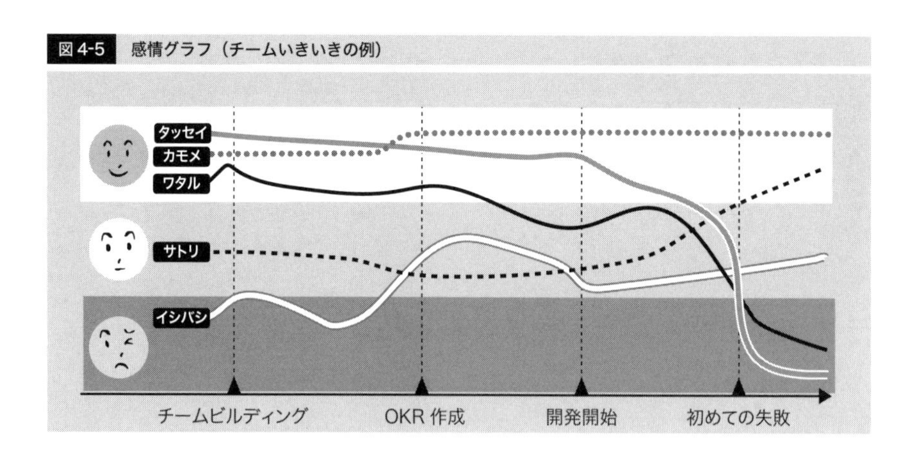

ワタルくん、最初は上のほうだったのにだんだん下がってきてるね。この前の失敗は特にショックだったのかな？

うん……。リーダーを任せてもらったときはすごくうれしかったし、やってやるぞという気持ちだったんだよね。でもOKR作成にしても開発プロセスにしても、リーダーの僕が決めなければいけないところをかなりみんなに頼ってしまって。特に失敗は堪えたな。自分にはリーダーをやる資質がないんじゃないかって、不安に思ってるんだ。そういえばカモメさんはずっと上のほうだね。失敗はショックじゃなかった？

うーん、もちろんいい結果が出たらうれしいけど……私たちがやろうと思ったチャレンジはできたわけだし。ところで、タッセイさんはここ最近でグッと下がっちゃってるね。ちょっと意外。どうしたんですか？

このチームなら絶対に目標達成できるって思ってたんだよね。失敗はしないと思ってた。でも失敗しちゃったじゃん？　失敗したってことは、このチームには目標達成する能力がないのかなって思っちゃって……。タッセイするぞ！　って言えない気分なの

（タッセイさんが「失敗した！」って思うなんて、よっぽどのことだぞ）

……私は逆の考えです

確かに、サトリさんはもともとフラットな位置だったのが、失敗を経験したあたりから上向きになっていますね。これはどうしてですか？　失敗したら普通落ち込むもんじゃないですか？

失敗するということは……。その方法だとうまくいかない、ということを知ることができたということ。なので、私は前向きに捉えています

あー、この前もそう言ってましたね。やっぱりその考え方が大事なんだろうな

あの、実は、僕もサトリさんと同じように思ってました

あ！　確かにイシバシくんも失敗のところでは下がってない。ちょっと前までは、イシバシくんがチームの中で一番失敗を怖がってたのに

失敗したってことは残念だなって思ったから、サトリさんみたいに上がりはしませんでしたが……。でも自分たちでやるぞ！って決めたことはできたわけだし

そうなのです。自分たちで、自分たちとの約束を守ることができた。これは大きな前進です。それに、思い出してください。開発が始まったときはそれぞれ ikky のコードで開発できる部分が限られていたけど、今はどのメンバーもひと通りのことはできるようになっています。モブプログラミングを通して成長してきた証です。そういった成長をしているチームが価値ある失敗をした。いいことです

今は失敗してるけど、成長してるからそのうち成功して、タッセイできるようになる……。なんだか、自分のもともとの考え方を、みんなに教えてもらったような気がする。ありがとう！

ということは……？

絶対に目標達成するぞー！

なぜそのときその感情になっていたかを共有することで、人によって捉え方が違うということに気づきます。あの人が楽観的に捉えていることを自分は悲観的に捉えている。もしかしたら自分は失敗を悲観的に捉えがちなのかもしれない、というメタ認知を獲得していきます。

そして、このチームいきいきでの会話が示すように、**お互いの考えを共有することで「そうか、そういう風に物事を捉えるのもよさそうだな。試してみよう！」と、チーム内で影響を与え合っていくことになります。** ここでは、失敗したということは能力が低いからだ、能力が低いならこれからも成功しない……と硬直マインドセットのまなざしで物事を捉えていたタッセイさんが、対話を通してしなやかマインドセットに転換していきました。

ある人はネガティブに捉えていたことを、ある人はポジティブに捉えている。その理由を聞いてみると、確かにポジティブな要素があったことに気づく。こういったポジティブの連鎖が発生するのも、感情グラフをチームで共有するメリットのひとつで

す。もちろんネガティブ側に倒れてしまうこともあるので、ファシリテーターはこのあと紹介する肯定的意図の引き出し、リフレーミングのテクニックを活用し、場に存在するポジティブなパワーを引き出すよう心がけてください。

 肯定的意図の引き出し

心理療法にそのルーツを持つNLP（神経言語プログラミング）では、無意識が起こすネガティブな行動の中にも何かしらポジティブな目的があるとしています。これを肯定的意図と呼んでいます。

以前、カモメさんはテストをせずに開発環境にデプロイをしてしまい、結果として開発環境を壊してしまったことがあります。カモメさんとしては、自分が作ったものを早く世の中に出したい、ユーザーの期待に応えたいという肯定的意図を持っており、その気持ちが先行したためにテストをせずにデプロイするという行動に出てしまったのです。では、この行動に対して、肯定的意図を汲み取ったコミュニケーションとそうでないコミュニケーションを対比してみましょう。

肯定的意図を汲み取らなかったコミュニケーション

テストしないで開発環境にデプロイしたら、開発環境壊れちゃった。みんな、迷惑かけてごめん……

テスト書かないで環境を壊すのは、本当に迷惑です。テスト書かないくらいならコード書かないでください

そこまで言わなくてもいいんじゃない？

肯定的意図を汲み取ったコミュニケーション

テストしないで開発環境にデプロイしたら、開発環境壊れちゃった。みんな、迷惑かけてごめん……

カモメさんはいつも前向きだから、作ったものを早く世の中に出したいという気持ちが先行したのかもしれないな、と思ったんですが、実際どうでしょう？

あらためて言われると、確かにその気持ちはあったかも

なるほど。でも、実際には開発環境が壊れちゃったから、世の中に出すまでにかかる時間は増えちゃいましたね

そうなんだよね……

カモメさんが実現したい、作ったものをいち早く世の中に出す、ということを実現するためには、どうするといいんだろう

テストをちゃんとやったほうが、結果的に早いってことがわかったから……テストをスキップしないで、ちゃんとやることにする！　……なんだけど、テスト書くのあまり得意じゃないからさ、イシバシくんにお願いがあるんだけど

いいですよ、ペアプロで一緒にテストコードを書きましょう。実は、カモメさんならそう言ってくれると思って準備してたんですよ

用意周到!!

大切なのは、一見ネガティブに映る相手の行動を頭ごなしに否定しないということです。自分の価値観に照らしあわせて良し悪しを判断するのではなく、とってしまった行動の裏に潜むその人の肯定的意図を捉え、その目線で話していきましょう。

また、自分が考える相手の肯定的意図は、あくまで想像の産物に過ぎません。相互理解が不十分な状態や、相手から情報が引き出せていない段階では適切に肯定的意図を想定することは難しいでしょう。なぜその行動に出ているか推定するために対話を通して情報を得ていくこと、そして相手の価値観を知ることが必要であることを頭に入れておきましょう。

肯定的意図を捉えリフレーミングする

リフレーミングは肯定的意図と同じくNLPで取り扱われる考え方で、出来事の枠組みを変え、異なる視点で捉え直すものです。

図4-6　コップに入った半分の水

有名な例え話に、「コップに入った半分の水」があります。

このコップを見てあなたはどう感じたでしょうか。

1. コップに水が半分しか入ってない（ネガティブに捉える）
2. コップに水が半分も入ってる（ポジティブに捉える）
3. コップに水が半分入ってる（事実だけを捉える）

「半分しか入っていない」と捉えると、そこには不満の感情や不足しているという感覚が伴います。一方で「半分も入っている」と捉えた場合は、そこには満足・充足があります。このように物事に対しての感じ方を変えることがリフレーミングです。

ソフトウェア開発の現場においても、リフレーミングが有効な場面がいくつかあります。表4-4に例を示します。

表 4-4 リフレーミングが有効な場面

シチュエーション	ネガティブに捉える	リフレーミングする
コードレビュー	自分のコードの品質が低いところを指摘される	よりよいコードに改善するための貴重なフィードバックをもらえる
厳しいデッドライン	短い期間でやりきらなければいけないというプレッシャーにさらされる	期日に間に合わせられたら大きなビジネスチャンスがある
技術的な制約	求められている要件を満たすことができない	制約の中で考え抜くことでもともと求められていたものを超えるようないいアイデアを創出する機会になる

一見ネガティブに感じられる発言の裏にある肯定的意図を捉えます。そして、その肯定的意図が持つポジティブなパワーを引き出すようにリフレーミングしていきます。

図 4-7 リフレーミング

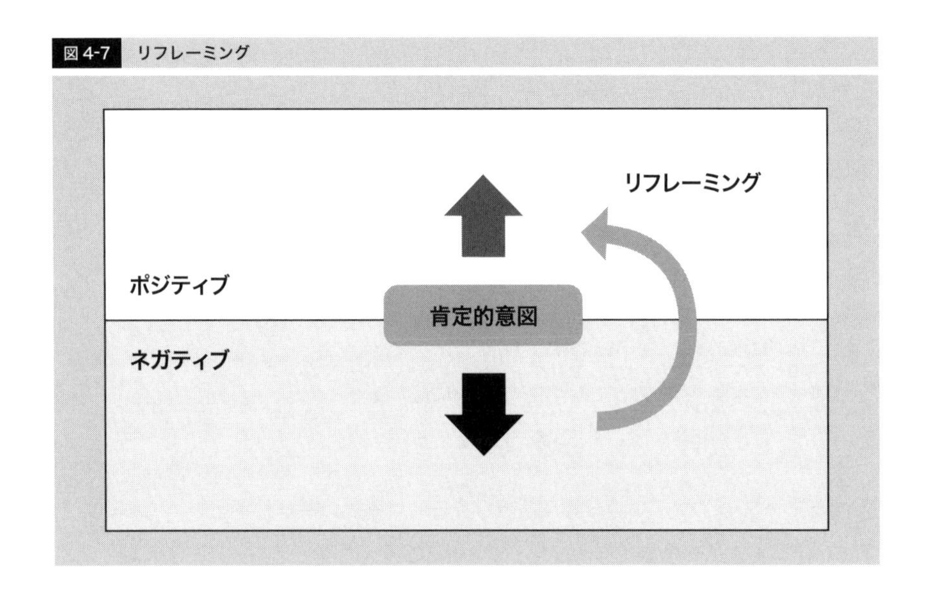

チームいきいきで感情グラフを作成したときのことを思い出してみましょう。

ワタルくん、タッセイさんは失敗をネガティブに捉え、サトリさんはポジティブに捉えていました。カモメさん、イシバシさんはフラットでした。

サトリさんのポジティブな捉え方を知ったワタルくんとタッセイさんにはポジティブな感情が芽生えていましたが、これはサトリさんとの対話の中でリフレーミングが行われたために発生したものです。

サトリさんが「『この方法だとうまくいかない』と発見したわけですね」と発言していました。これは「他の方法を試すことで成果を出すことができるかもしれない」と考え、状況をリフレーミングする発言です。

また、成果としては期待したものは得られなかったけれども、自分たちで自分たちの約束を守れたという意味で前進があったとも発言しています。これは成果の失敗という出来事の中に自分たちの成長という意味を見出した内容のリフレーミングです。

サトリさんは、ワタルくんとタッセイさんが持っている「このチームでもっとうまくやりたい」という肯定的意図を感じ取り、実際に以前よりうまくいっている点を強調することで二人の考え方をリフレーミングしていきました。

みなさんの身の回りに、何を相談しても「いいですね」「そういうこともありますよね」と否定せずに受け止め、「こういうことをやってみたらどうですか？」と前向きに提案してくる人はいないでしょうか。その人は肯定的意図を捉え、リフレーミングすることが習慣化している人なのかもしれません。

肯定的意図を捉えるためには、自分の価値観ではなく相手の価値観、感情に寄り添っていく必要があります。メタ認知により自身の価値観を客観視し、相手の価値観と自分の価値観は異なるという自覚をもってコミュニケーションしていくことが求められます。自分の価値観で相手の肯定的意図を類推すると、的外れなものになってしまうリスクがあります。筆者自身、かつてメンバーとコミュニケーションする中で「わかった風なことを言わないでください」と拒絶されてしまった経験があります。今思うと、私の価値観で相手の肯定的意図を捉え、的外れなリフレーミングをしようとしていたのでしょう。

メタ認知により自分の価値観を知る。チームで感情を共有しメンバーの価値観を知る。行動の中にある肯定的意図を捉えポジティブにリフレーミングしていく。こういった行いを習慣化することは決して簡単ではありません。

学習の５段階という考え方があります。物事を習得する際に、次の図のように「知らない・できない」という段階から、徐々に「知っている・できる」「意識しなくてもできる」とステップアップしていくという考え方です。

図 4-8 学習の５段階

無意識的有能に意識的有能	どこからでも教えられる
無意識的有能	考えなくてもできる
意識的有能	考えるとできる
意識的無能	知っていてもできない
無意識的無能	知らないしできない

おそらく、STEP4（に限らず本書）で紹介している取り組みにチャレンジする際、はじめの頃はきっとうまくいかないでしょう。一度や二度ではなく、何度も失敗するでしょう。けれども、失敗は「これをやったらうまくいかない」という落とし穴の位置を教えてくれます。失敗だらけの経験の中で少しずつ成功体験が積み上がり、新しいスキルの習得につながっていきます。

チームにしなやかマインドセットをもたらすには、まず自分がそうなっていたいものです。あなた自身が失敗を恐れず行動し前進する姿を体現することで、周囲がついてきます。普段は「失敗を恐れずやってみなよ！」と言っているのに、いざ自分がその立場になると足がすくんでしまうかもしれませんが、勇気をもって踏み出してみてください。

失敗の数は経験の数です。場数を踏んだ先に成功体験があります。

なんでも前向きに捉えられると、うさんくさく感じます

なんでもかんでも「できますよ！」「大丈夫！」って言われると、「この人本当にわかってるのかな」って心配になっちゃいます

肯定的意図を汲み取るというのは、なんでも前向きに捉えて空元気を出すことではありません。状況の観察が足りていないと、イシバシさんがおっしゃってるようなミスマッチなコミュニケーションをとってしまうことになりますね

なるほど……どうしたらいいんだろう

相手にとって今の状況がどういう意味を持つのか考えてコミュニケーションするのが大切です

STEP 4-3

称賛や感謝でお互いの信頼を生む

STEP2でCFRについて紹介しました。対話、フィードバック、承認。この3つの要素がOKRを組織に循環させていきます。STEP3ではデイリースタンドアップやレビュー、ふりかえりなどを紹介してきました。デイリースタンドアップではチームが前に進むための対話が行われますし、レビューはプロダクトに対してのフィードバックをもらう場です。ふりかえりも同じくチームで対話しながらフィードバックを与え合う場ですが、プラクティスによってはお互いに称賛を送ったり、感謝を伝え合ったりすることもあります。

たとえば学習マトリクスというふりかえり手法では、以下の4つの項目について共有していきます。

- よかったこと、続けたいこと
- 変えたいこと
- 新しいアイデア、気づき
- 感謝したい人

図4-9 学習マトリクス

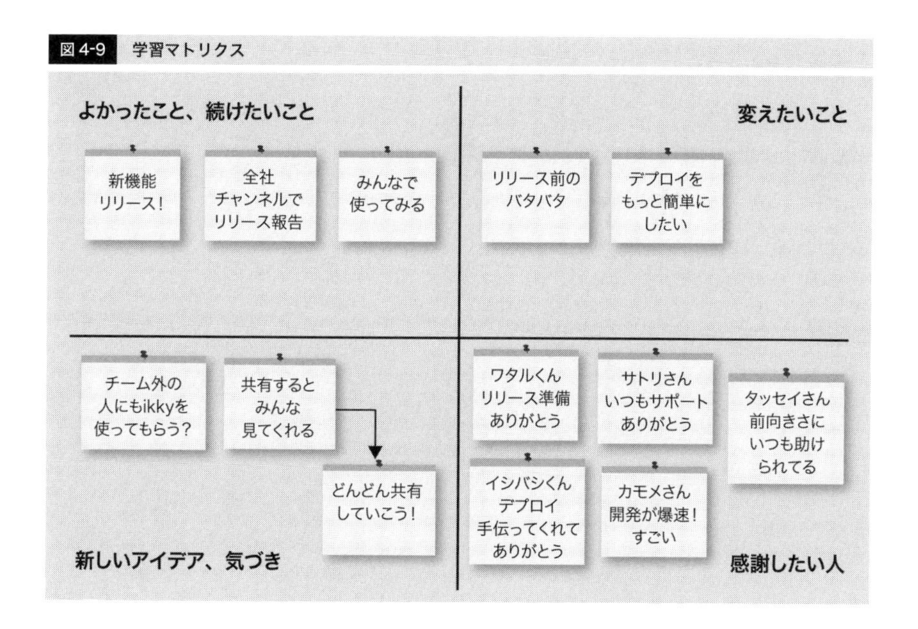

人によっては、明示的に誰かに感謝を伝えるという行為に慣れていないかもしれません。**ですが、感謝を伝えるということは「あなたの行いは私にとってポジティブな意味をもたらすものです」と承認する行為に他なりません。**プルリクエストを早めに確認してくれてありがとう、インシデント対応のフォローをしてくれてありがとう、ミーティングでタイムボックスを意識したファシリテーションをしてくれてありがとう……。具体的な行動に対して感謝を示すことで、その行動は求められているものだと理解し、今後も継続していくモチベーションへとつながっていきます。多少照れくさくても、あなたの中にある素直な感謝の気持ちを表明してみましょう。

感謝を伝えることや、努力や成果に対してねぎらいを伝えることは、開発サイクルの終端であるふりかえりを待たずして日頃から実践したいところです。では、どのようにして感謝やねぎらいを伝えるとよいでしょうか。

Slack や Chatwork のようなチャットツールを導入している現場ならば、絵文字を使ったリアクションで気軽に「承認してるよ」という気持ちを伝えることができます。たとえばリリース完了報告があったときに「いいね！」「すごい」などポジティブなリアクションを返します。そうすると、その行いが承認されているということが一目でわかります。

チャットの投稿に対してリアクションすることの副次的効果に、承認したい対象のメンバー以外の目にも承認していることがわかるということがあります。

こういった行動は承認に値するものなんだとわかれば、自分も見習ってみようという気持ちになるかもしれません。

図 4-10 チャットツールでのリアクションの例

褒めてくれている人を信じる

人のことを褒めることは、ちょっと照れくさいけどできる。けれど自分が褒められるのはどうも苦手、という方はけっこういらっしゃるのではないでしょうか。褒められると「そんなことないです!!」と言ってしまったり、「これは自分の実力じゃなくてたまたまなんだよな……」と思ってしまったり。

ここで、褒めてくれた人の視点で考えてみましょう。自分にとっては照れくさいしそんな大した人間じゃないと思っているかもしれないけれど、褒めてくれた人にとってはそれは真実なわけです。すごい、がんばった、めちゃくちゃいいよ。本当にそう思ってくれているから、そういった言葉が出てきたわけです。

そう考えると、それに対して「いやー全然そんなことないですよ！」と答えることは、その人の思いを否定するということでもあります。こそばゆさは置いておいて、褒めていただいたということは素直に受け取るということにぜひトライしてください。

褒める。褒められたことを受け止める。この温かいコミュニケーションがチームの雰囲気をよりよいものにしていきます。

信頼貯金（残高）

信頼とは銀行の預金口座のようなものです 4-4 。一朝一夕に獲得できるものではなく、地道に貯蓄を続けることで残高が増えていきます。このように考え、信頼を積み上げていくことを信頼貯金と呼びます。

チームいきいきでいうと、長い間一緒に働いてきたワタルくん、カモメさん、イシバシさん、そしてタッセイさんの間には一定の信頼関係が出来上がっています。サトリさんは最近チームにジョインしたばかりなので、まだ大きな信頼を獲得しているとはいえない状況からスタートしました。

ですが、ここまでの働きからわかるように、常に相手の声に耳を傾け、誠実にふるまうサトリさんに対しては、徐々に周囲からの信頼が生まれつつあります。着実に貯金を増やしている状態です。

信頼貯金を積み上げるときに忘れてはならないのが、「自分からも相手を信頼する」という姿勢です。信頼関係は一方通行のものではなく、相互に信頼することで築き上げられていくものです。相手を信頼するにあたって大切にしておきたい行動や考え方は、以下の通りです。

- **その人の意見を積極的に求める**
- **責任と権限を移譲する**
- **情報対称性を持つ**
- **フィードバックを受け入れる**
- **主体性を持つことを奨励し尊重する**
- **誠実に接する**

この中で特に気をつけたいのが情報対称性の担保と主体性の奨励です。これらには善意の行動から毀損してしまうということが起こり得ます。

表 4-5 善意からくる行動と発生する課題

善意からくる行動	発生する課題
開発に集中してもらいたいのでエンジニアリングに関係のない話は伝えないでおく	エンジニアと非エンジニアの間に情報非対称性が発生する
目標設定は大変なのでマネージャー側で全部決める	主体的に関わっていない目標が設定されるため内発的動機を喚起することが難しい
チームメンバーはチームの仕事に集中してほしいので、チーム外とのコミュニケーションはリーダーのみが行う	チームメンバーとリーダーの間に情報非対称性が発生する リーダーにコミュニケーション負荷が集中し全体のスループット低下を招く

こちらの表で紹介したように、善意からくる行動は時として様々な課題を引き起こすことがあります。そして一番の問題は、メンバーからすると自分がやるべきだと思っていた仕事が知らない間に巻き取られていたり知らされていない情報があることで、自分は信頼されていないのではという不信感につながっていくことです。

Working out loud

Working out loud 4-5 は、個人の仕事や学びを可視化し共有することを通じて協力や学習を促進していく方法です。

デイリースタンドアップで状況を共有したり、Jira や Trello のようなタスク管理ツールに進捗状況を書き込んだり、業務で学んだことを技術ブログや社内のナレッジワークスペースに投稿したり、勉強会で発信するなど、Working out loud は様々な形で実践されます。

近年ではチャットツールを導入している企業が増えているので、チャットツール上で作業の実況中継を流すというのもひとつの方法です。

チームいきいきでの Working out loud の様子をのぞいてみましょう。

14:05 カモメ	午後はイシバシさんのプルリクのレビューやるー！
14:10 カモメ	イシバシさんのコードきれいだなー
14:16 カモメ	ちゃんとテストコード書いてる。私も見習おう
14:20 カモメ	自分の手元でも動作確認しよう
14:22 カモメ	あれ？　ビルドとおらない
14:23 カモメ	このテストで落ちてるな……
14:25 イシバシ	お困りですか？　テスト通すようにしたつもりなんですが何か対応漏れしてたかな……
14:26 カモメ	わーイシバシさんありがとう！　TEST-002 で失敗してて
14:27 イシバシ	あーそのテスト最初は落ちてたんですよね。でも今回のコミットで落ちないようにしたはずなんだけど……ちょっと調べてみます
14:28 カモメ	ありがとーーー！！

このように、チャットツール上で自分の作業を実況中継することは、対話のチャンネルをずっと開きっぱなしにしているようなものです。チームいきいきの例ではカモメさんが作業を実況中継していたおかげで、作業に詰まったタイミングでイシバシさ

んが反応してくれました。状況がリアルタイムに見える化されることで自然とチーム内で助け合う動きが活性化していきます。

このWorking out loudの考え方をさらに押し進めたものを、筆者はThinking out loudと呼んでいます。作業だけでなく、考えていることをもチャットに書き込んでいくのです。

ふたたび、チームいきいきのチャットをのぞいてみます。

16:00 ワタル	今週もお疲れ様でした！　提案なんですが、開発サイクルの途中で追加タスクがあったら、そのタスクがあとから追加したものだってわかるように印をつけておきませんか？
16:02 カモメ	おもしろそう！　いいねーやろうやろう！
16:03 タッセイ	それをやって達成に近づくならぜひやりたいね
16:04 イシバシ	ちょっとよくわかってないですけど、そんな手間でもないしいいですよ
16:05 ワタル	ありがとうございます。じゃあ来週からやっていきましょう！
16:45 サトリ	すみません開発に集中していて反応が遅れました。これって何のためにやるんですか？
16:52 ワタル	サトリさんありがとうございます！　チーム外にいるステークホルダーからも、追加タスクが追加タスクだとわかるようにしたいからです！
17:12 サトリ	ふむふむ、そういうことですね。ステークホルダーはそれがわからないと、何が困るんでしょうか
17:14 ワタル	そうですね、途中でどんどんタスクが追加されると、見た目的には進捗が滞っているようにも見えます。なのでステークホルダーが不安になるんじゃないかな、って思ってます
17:16 サトリ	それは、ステークホルダーが実際に不安だといっていたんですか？
17:17 ワタル	いえ、直接聞いたわけではありません。

17:23 サトリ	私個人の気持ちをお伝えすると、それが必要であればもちろんやります。でも、想像でそれが必要とされていると考えて、とりあえずやってみよう、ってなるのは気が進みません
17:52 ワタル	以前所属していたチームでステークホルダーとのコミュニケーションを円滑にしてくれたのが、この「追加タスクに印をつける」という方法でした。**だからこのチームでもそれをやればいいのかな、って思った（ワタルの考え方）**のですが、実際に課題が発生しているわけじゃなかったです
17:53 カモメ	えー、でもチェックつけるぐらい大変じゃないからやればよくない？
17:55 サトリ	おっしゃる通り対応自体は全然大変じゃありません。でも、私たちがプロダクトを開発するとき、「意味はないけど工数的に大したことがないから実装する」というやり方は、少なくともこのチームではしませんよね。それと同じで、**私たちの開発プロセスにおいても「やれるけど意味がない」ことはやりたくないんです（サトリの考え方）**
17:57 サトリ	そして、**想像だけで課題を設定し、それを解決しようとする動きは、私はあまり好きではありません（サトリの考え方）**
17:59 イシバシ	確かに、「大変じゃないから」でやることを積み重ねていくとすごい量になりますからね
18:05 ワタル	みなさんありがとうございます。サトリさんの話を聞いて、課題を想像で設定してしまうのは僕らチームいきいきのあり方としてよくないなと思いました。**本当に必要なことにフォーカスしたチームでありたい。（ワタルの考え方）**なので、いったん今回提案したやり方はなしで！
18:06 カモメ	提案したけどちょっと違ったからとりやめるのは勇気がいる判断だと思うけど、それをやったワタルくんに拍手！

ワタルくんの提案に対してサトリさんが気持ちを表しています。そして対話の中で、ワタルくん自身がなぜこの提案をしようと思ったのか、ということの根本にある自分の過去の経験に気づきます。このように自分がどう考えたかも含めて外部に吐き出していく（Thinking out loud）。このようにしてWhyや思考プロセスを伝えることで、対話している相手が自分の思考をトレースできるようになります。そうすると同じ視点から同じ物事を捉えて話し合うことが可能になります。

Working out loudやThinking out loudを実践する際に気をつけておきたいのが、誰もが行動や考え方を発信することが得意なわけではない、ということです。一部のメンバーのみが積極的に発信する状況だと声なき声が埋もれてしまうことにもつながります。発言しやすい環境をつくる、「何か気になってる点はありませんか？」と話をふるなど、そこにいる全員が意見を述べやすい環境を作っていきましょう。

メンバー同士のフィードバックを仕組み化したピアフィードバック

同僚、同じチームのメンバー同士などでお互いにフィードバックし合う仕組みをピアフィードバックといいます。ともに働く仲間がもっと高いパフォーマンスを発揮できるように、耳が痛い内容も含めてフィードバックしていきます。

フィードバックの収集

まずフィードバックを収集します。会社全体で実施している取り組みであれば人事部門が主導して実施します。まずはチームでやってみたいという状況であれば、マネージャーが実施するとよいでしょう。このとき、匿名で収集する場合と記名で収集する場合があります。前述の通り場合によってはショックを受けるような内容が含まれる可能性があり、そこで発生する摩擦をおさえたい場合は匿名で実施しましょう。ですが、少なくとも収集については記名でやることが望ましいと筆者は考えています。記名であればフィードバックの意図が汲み取れないときにヒアリングすることが可能ですし、そもそも信頼し合う関係を構築したい相手なので記名していても率直な意見を言えることが望ましいからです。

ただ、率直な物言いをすると反抗的な態度だとみなされ低い評価をつけられてしまう、それこそピアフィードバックで「コミュニケーションに課題がある」などと報復的なフィードバックがなされてしまう、といった環境で記名制にすると、安心して本音でフィードバックできないという課題もあります。個人が心理的安全性を感じ、言うべきだと思った意見を安心して言える環境にしていくことが本来あるべき姿ですが、残念ながら今はそうではないという場合は、いったん匿名でのフィードバック収集を行い率直な意見を集めることに注力してみるとよいでしょう。

フィードバックの共有

収集したフィードバックを対象者に共有します。ここはリーダー・マネージャー経由で間接的に共有する場合もあれば、直接メンバー間で伝えるケースもあります。ここも可能であれば直接伝えることをおすすめします。

このフィードバックを送るときに心がけておきたいのが、「徹底的なホンネ」でフィードバックするという点です。『GREAT BOSS（グレートボス）：シリコンバレー式ずけずけ言う力』4-6 では、心から相手を気にかけていて言いにくいことをズバリという「徹底的なホンネ」で語る姿勢が重要だとしています。

そしてもうひとつ大切なのが、ピアフィードバックを相手へのギフトだと考えて送るということです。相手がもっと活躍するためにやってほしいことを、相手に伝わる形で文章化していきましょう。

過剰な配慮でフィードバックする例

タッセイさん、いつもチームがゴール達成に向けて全力を出すために背中を押してくれてありがとうございます

イシバシ

えっと……（ただ達成するぞ！　と声を上げるだけだと意味がないから、具体的に達成に向けてどう行動するかを一緒に考えてほしい、って言いたいけど……）

これからも、目標達成に向けて、これまで以上に一緒にやっていけたらなと思っているのですが……

それはもちろん！　そういってくれてうれしいです。私は声を上げるのだけは得意だから、これからもどんどん声がけしていきますね！　達成達成！

（ああ……伝わってない感じがするけど……）
ありがとうございます、よろしくお願いします……

徹底的なホンネでフィードバックする例

私が出したプルリクエストの確認や、イシバシさんのプルリクエストへのレビューコメントへの反応が、いつもスプリントが終わる直前になっています

確認がギリギリになると修正するべき箇所があっても対応が間に合わなくなってしまいます。また、レビューコメントについても、スプリント中に承認までもっていきたいと考えているので、ギリギリの確認だと困るというのが正直なところです

これらの対応をもっとスプリントの中頃で実施することは可能ですか？

なるほど、サトリさんそこで困ってたんですね……プルリクみるとついじっくり考え込んじゃって……。もっと早めにできないか考えてみます

お願いします。イシバシさんがもっと早くプルリクを確認するために、私がサポートできることはありますか？

そうですね、設計に変更があった場合などはどのような意図で変更したのか、などコードからはわからない部分についても把握したくて。今は、それを自分の想像で補おうとしているので時間がかかっちゃっています。なので設計に変更がある場合は経緯をコメントで残しておいてもらったり、場合によってはペアプロで一緒に進めたりできるとありがたいです

なるほど、ではさっそく試してみましょうか

STEP 4-4

目標を共同所有する

ここまでのSTEPでは明言していませんでしたが、本書では目標の持ち方として「チームで共同所有する」ことを推奨しています。STEP2でOKRツリーを紹介しましたが、チームのKRからそれぞれ個人のOKRにブレイクダウンしていくのではなく、そのまま共同で所有していきます。

図4-11 目標の単独所有

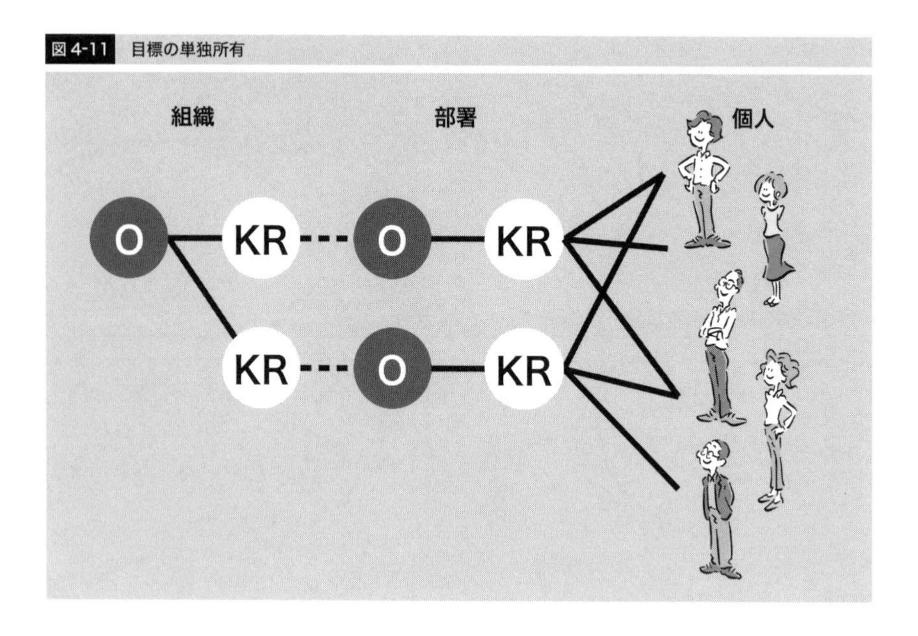

これには共同所有することがチームにおける協働関係を後押しするというメリットの創出と、目標を分割することで間に落ちてしまうものが出るというデメリットの除去が目的です。

目標を単独所有した場合、以下のメカニズムが働きます。

- **自分の個人目標に対しての集中が生まれる**
- **チームのKRが有限のものである場合（hogeを○%向上など）、パイの奪い合いになる**

図 4-12　個人は自分の OKR とだけ向き合う

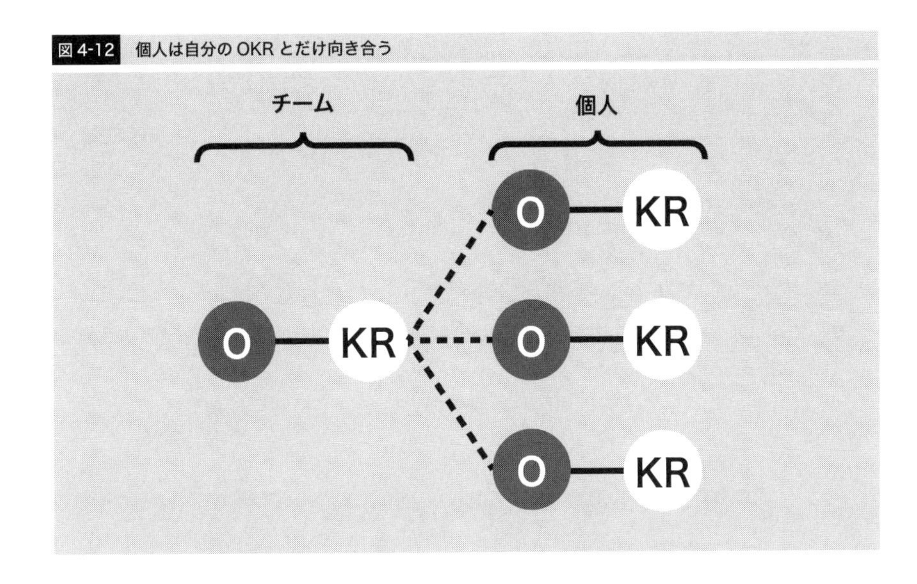

チームいきいきで目標を単独所有した場合の会話を見ていきましょう。

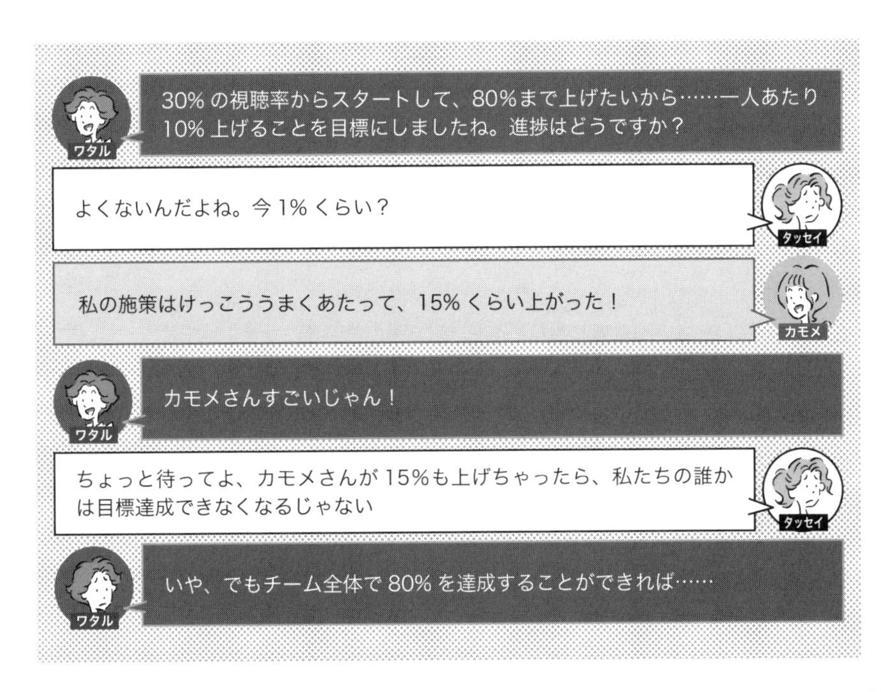

一方、目標をチームで共同所有した場合、以下のメカニズムが働きます。

- **全員、チームの目標に対しての集中が生まれる**
- **チームのKRが有限のものであっても全員で達成すればよいというマインドが醸成される**

チームいきいきで目標を共同所有した場合の会話を見ていきましょう。

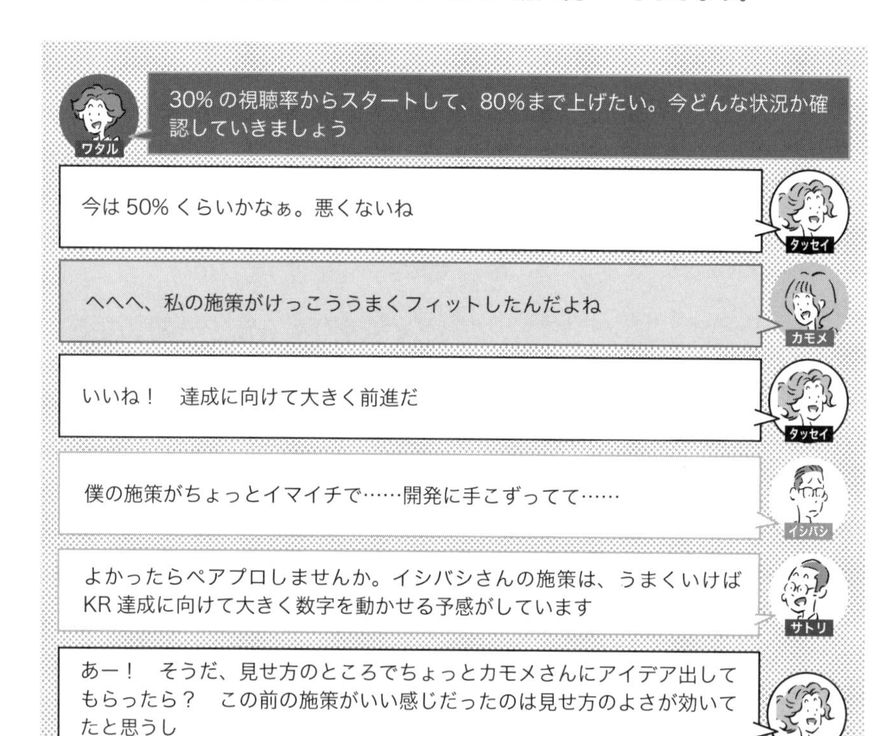

「自分の」ではなく「チームの」目標を達成しようという気持ちが、チームを前進させます。

チームで目標を共同所有しようとなったときに持ち上がるのは、「個人の評価をどうするのか」という問いです。評価は給与や昇進に関わる個人の生活やキャリアにとって大切なものなので、疑問点は解消しておきたいところです。いくつか対策は考えられますが、「これをやっておけば問題ない」という特効薬はないので、組織の価値観やチームのあり方に照らしあわせて試行錯誤していきましょう。

表 4-6 目標を共同所有しているチームを評価するためのアプローチ例

対策	解説	課題
圧倒的に成果を出す	有無を言わさぬ成果を出していれば個人がどうこう言われることなくチーム全体で高評価を勝ち取ることができる	言うは易し行うは難し
評価方法をチーム評価に切り替える	チームで動くことが主体なのであればチーム単位で評価してもらうことで期待とのギャップを減らすことができる	異動が頻繁にある、個人単位のヘルプなどが発生する環境では適応が難しい そもそも組織の評価制度に抜本的な改革が必要となるため実施までのハードルが非常に高い
ピアフィードバック等でチーム内からみた個人の貢献を明らかにしておく	チームメンバー内でお互いの貢献度を決定する。自分たちで決めるので納得感がある	評価というセンシティブなものに直結するので場合によってはチームの雰囲気を壊してしまう 単独で用いるのではなく評価のための一要素として用いるくらいがよい
組織評価とのすりあわせの頻度を上げる	四半期に 1 回など組織が評価を実施するサイクルより短いサイクルで組織サイドとすりあわせを行い、ギャップを埋めていく	組織サイドの評価担当は多忙である場合が多いため、時間を確保できない可能性がある

 ウィンセッションでチームのモチベーションを維持する

メンバーが目標達成に向けて行動したこと、そしてその行動から生まれた成果についてメンバー同士で共有し合う場がウィンセッションです。成果を共有するという点は STEP3 で紹介したレビューと同じですが、目的が異なります。このウィンセッションは成功体験の共有を通して肯定的なフィードバックを交換することを目的としてい

ます。行動・成果を承認するこの場は定期的に開催することが望ましいでしょう。

では、どれくらいの周期で開催するとよいでしょうか。

おすすめとしてはOKRの進捗が生まれやすい間隔で実施することです。進捗が生まれないくらいの短いスパンで実施してしまうと「進捗は何もありませんでした」という報告ばかりが発生し、実際にはうまく進行しているのに「なんだかうまくいってなさそう」という印象を作り上げてしまいます。

開発サイクルごとにOKRの進捗が出るような設計になっていればその周期にのせるのがよいですし、それより長いスパンであればそこにあわせて設定するのがよいでしょう。ただ、進捗が出るのが数ヶ月に一度という状況であれば、そもそも目標設定の仕方から見直したほうがよいでしょう。数ヶ月に一度しか動かない指標をモチベーション高く追いかけ続けることには一定の困難が伴います。

図4-13 チームいきいきのウィンセッションサイクル

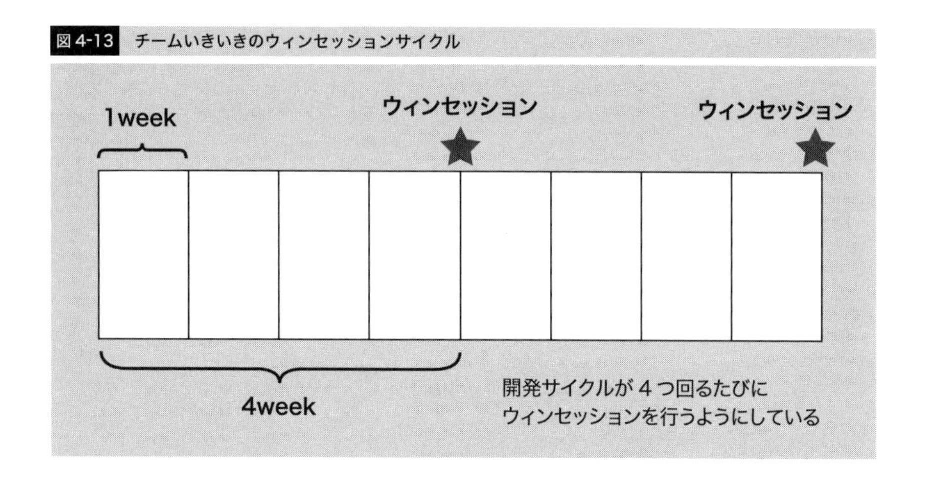

このウィンセッションで大切なのは、参加者全員が建設的な姿勢で臨むということです。高い目標を追いかけていると、どうしても達成率が思わしくないときが出てきます。そういった状況下で「どうしてうまくいかなかったんだろう」と後ろ向きに考えるのではなく、「どうやったらここからもっとうまくやれるか」を前向きに考えていくことが大切です。

場の前向きさは放っておいたら勝手に生まれてくれるようなものではありません。

意識的に場を作っていく必要があります。

場を作るためにできる具体的なアクションをいくつか紹介します。

ウィンセッションの位置づけの確認

・ウィンセッションの位置づけ、前向きマインドで参加してほしいこと、「どうしてうまくいかなかったのか」ではなく「どうやったらもっとうまくできるか」を考えてほしいこと、同僚の行動、成果には惜しみない称賛を送ること、などこの場でどうふるまってほしいかを伝えます

・ウィンセッションは定期開催していきますが、毎回冒頭でチェックインを行うようにします。運営している側からすると過去に伝えたことだからみんな知っているだろう、言わなくてもその通りふるまってくれるだろうと思いがちですが、しつこいくらいに同じことを伝え続けていくことが大切です

ノームカースの最優先条項の読み上げ

・ノームカースにより定式化された、**「今日見つけたものが何であれ、チームの全員が、その時点でわかっていたことやスキルおよび能力、利用可能なリソースを余すことなく使って、置かれた状況下でベストを尽くした、ということを疑ってはならない」**という考え方を読み上げます 4-7 。この条項の根底には、チーム全員がベストを尽くしたということへの信頼があります。これを共有しておくことで、たとえ目標達成の進捗が芳しくなくともベストを尽くしたのは事実なんだから胸を張って自分の行動を共有しよう、という機運が生まれます

拍手

・一人ひとりに取り組みを説明してもらい、説明が終わるたびに拍手します。拍手を通してねぎらいの気持ちや行動に対しての承認を伝えます

 1on1で個人の伸びしろにフォーカスする

チームとして協働していく中で、あえて1対1の関係で対話を深めていくのが1on1です。1on1の場で扱われるテーマはパフォーマンスのフィードバック、キャリアデザイン、ちょっとした気になることの共有など多岐にわたります。もともとは上司ー部下の関係で行われるものだった1on1ですが、最近では同僚同士、普段あまり関わりのない関係性で実施するなどその活用範囲が広がってきています(※4-1)。

リモートワーク中心の現場ではオフィスに出社していると自然発生する偶発的なコミュニケーションが起きにくいので、意図的にコミュニケーション設計を行っていく必要があります。そのような場面で活躍するのが1on1です。特にお互いをよく知らない段階ではお互いの経歴、価値観について深く掘り下げ合うことで短期的に相互理解を深めることができます。

1on1は1回15～30分程度、週次か隔週くらいの頻度で実施することをおすすめします。

図4-14 チームいきいきの1on1スケジュール

※4-1 拡大した活用範囲にも適用できる「1on1 ミーティングガイド」(https://guide.1on1guide.org/)が公開されています。

最初は週次で行い、相互理解がある程度進んだタイミングで頻度を落とすなど自分たちのワークスタイルにあわせて柔軟にアレンジしていくとよいでしょう。

チームいきいきでは、リーダーのワタルくんとメンバー間で週次の1on1が実施されています。週の頭や一日の始まりの時点では、仕事を進める上で感じている課題が頭から抜けています。なのでチームいきいきでは週の中盤以降、お昼以降で1on1を設定しています。

そしてチームにジョインしたばかりのサトリさんがなるべく早くチームに馴染むために、サトリさんと他のメンバーでも1on1が実施されています。こちらは隔週の頻度で実施しています。

 「とりあえず1on1」に気をつける

気をつけておきたいのが、コミュニケーションを1on1中心に設計しすぎない、という点です。たとえばチームでの働き方や改善提案、気になっていることなどは本来であればチームで共有したほうがよいことです。こういったテーマが1on1で頻出してしまうと情報がその1on1の中に閉じてしまい、チーム内で情報非対称性が生まれてしまいます。

これはチームに対して心理的安全性を感じられていないため発生する課題ですが、他にも1on1で話すテーマを明確にしているがゆえに発生することもあります。1on1は課題を話す場だという意識が強いと、別にチームで話しづらいわけではないのに1on1でだけ課題を共有するという状況が生まれます。逆にテーマを設定しないことで発生する問題もあります。議論が発散しがちで、本当は話したいと思っていたことを話しそびれたりするため、15～30分の限られた時間の中で「1on1をやったおかげでポジティブな変化が生まれた」と実感する機会を損失してしまいます。そうすると1on1の意義が希薄化されていき、「1on1ではあまり大事な話はしないからスキップできるよね」という認識が生まれ、別のミーティングに予定が上書きされていくといった事態にまで発展していきます。

1on1に限らずですが、定期的に開催しているイベントはその意義を見失いがちで

す。なぜこの頻度でやっているのか、なんのために1on1があるのか。これを常に問いかけ続け、目的意識を持って1on1に臨みましょう。

チームの置かれた状況、メンバー同士の信頼関係の度合いによって1on1で話すべきテーマ、好ましい実施間隔は変化していきます。相互の信頼関係がある程度強固になってきていて、課題解決は個人よりもチーム主体で行っていくような場合は、相対的に1on1の重要度は下がっていくでしょう。

余談ですが、筆者が所属するチームでは「まずは1週間ごとに実施しよう。大半が雑談になったりガンダムの話ばかりになったら隔週にしよう」という約束をしています。また、トピックがなかったら短く切り上げるというのもひとつの手段です。

「とりあえず」に陥らず効果的に1on1を実施するためには、あらかじめアウトラインを決めておくことが効果的です。

表4-7　1on1のアウトライン例

時間	やること	狙い	例
1分	アイスブレイク	緊張をほぐし意見を言いやすい状況を作る	この前は登壇お疲れ様でした！昨日飲みにいったんですね、何食べたんですか？
1分	チェックイン	1on1の位置づけについて再確認する。今日の1on1の大まかな流れについて合意する	この時間では普段気になっていること、相談したいことを共有し一緒に考えていく時間です。もちろん雑談も大歓迎です
1分	議題の決定	今回の1on1で話す内容について決定する。上司 - 部下の関係性であれば部下が主体となって決めることが原則。上司側から話したいことがあるようであれば、まず部下に話したいことがあるか確認し、特になければ自分が話したいことがある旨を告げる	今日話したいトピックはありますか？特になければ、こちらから最近の活動についてフィードバックしたいことがあります。いかがでしょうか
20分	1on1	議題を念頭に置きながら自由闊達に対話	後述
2分	クロージング	1on1で気づいたこと、学びを反芻する	今日の1on1を通して得たことはなんですか？

1on1をのぞいてみよう

チームいきいきの1on1の様子をのぞいてみましょう。

お疲れ様！

お疲れ様です。企画部門とランチに行ってきたんですね！

そうなんですよー､ikkyの開発でも何かヒントもらえるかなーって思って。でも結局、雑談して終わっちゃった笑

ご飯がおいしいと話はずんじゃいますもんね。楽しかったみたいでよかったです

さて、あらためて1on1やっていきます、よろしくお願いします。今タッセイさんの頭の中にあることをどんどん話してください！

そうねー、やっぱり目標かなー。チームとしての動きはよくなってきてるけど、OKRの達成状況はあんまりよくないから、なんとかしたいんだよね

確かに､OKRの達成はチームとしてもぜひ実現したいものですね。今、タッセイさんの中ではどのようなことを考えていますか？

そうねー……イシバシくんが慎重なんだよなー。なんか、目標達成へのやる気が感じられないんだよね

タッセイさんからはそのように見えているんですね。イシバシさんが慎重、とありましたが、具体的にどのような出来事からそう思いましたか？

うーん、いつもプルリクのレビューがすごく細かいんだよね。あと、テスト書かなくてもいいくらい簡単なコードでもいちいちテスト書いてて……その時間を新規開発にあてたらもっとスピード出ると思うんだよね。彼、技術力はあるからもったいない。ワタルくんからちょっと言ってやってよ！

タッセイさんとしてはイシバシさんが新規開発にあてる時間を増やしてほしいと思っているんですね。直接イシバシさんに伝えたことはありますか？

いや、全然。言っても聞いてくれなさそうだし。だからワタルくんにお願いしてるんだよー

私も状況を把握したいので、一緒にプルリクコメントをみてみましょう！

あらためて見てみると、確かにここの書き方は変えたほうがいいな……

私もそう思います。ちなみに、こっちのテストコードについてはどう思いますか？

うーん、こっちはやっぱりToo Muchに感じるかな。まだ仕様が固まってなくて、そもそも使わなくなるかもしれないコードにも丁寧にテスト書いてる。丁寧に書くのはイシバシくんのいいところなんだけどね

タッセイさんが気にしていることが何か、はっきりしましたね！　あらためてどうでしょう。直接イシバシさんと話してみるのは

うん、そうだね。直接話してみる。イシバシくんがなんでこんなにちゃんとテストするかを聞けば納得できるかもしれないし

よかったです。私がお手伝いできることは何かありますか？

いやー特には大丈夫かな。しいていえば、イシバシくんは気にするタイプだから、もし私と話したあとに落ち込んでたりしたらケアしてあげて！

わかりました。おっと、ちょうどいい時間ですね。今日の1on1はいかがでしたか？

うん、モヤモヤしていた部分がスッキリしたよ。ありがとね

主体的な関わりを促すリーンコーヒー

ここからは、チーム内での議論を促す方法について扱います。リーンコーヒー(Lean Coffee）は、参加者が主体的にアジェンダを作り上げていくスタイルのミーティングです。

参加者が議論したいと思っているトピックを挙げ、参加者でトピックの優先順位を決定し、優先順位が高いものから順に議論していきます。

図 4-15　参加者でトピックの優先順位を決定する

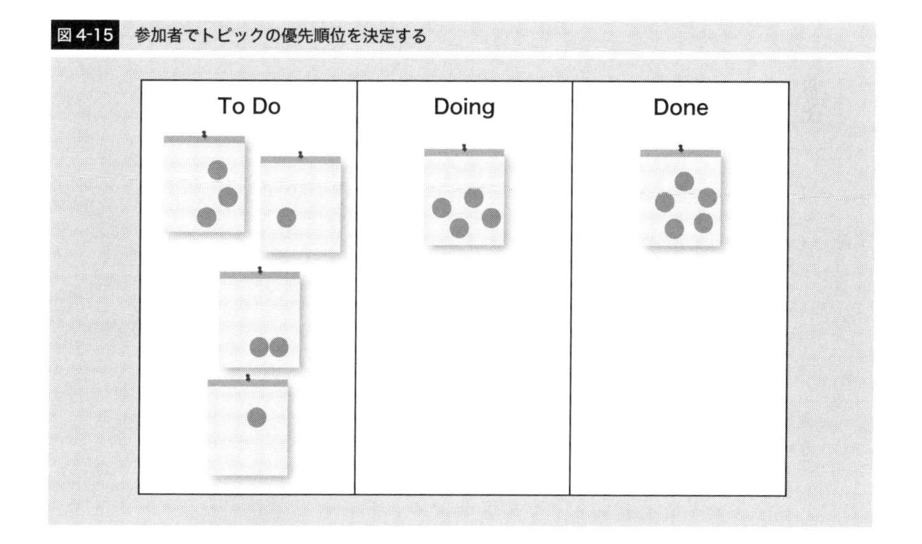

[リーンコーヒーの基本的な進め方]

1. 参加者に集まってもらい、これがみんなで作り上げる自由度の高いミーティングであることを確認する
2. 各参加者で議論したいトピック・質問をふせんに書き出す
3. 投票し優先順位づけする
4. 最も票を得たトピックから順に議論する
5. 設定時間が経過したらそのトピックについての議論を継続するか次にいくか決定する
6. 全体で確保された時間に達するまで 4-5 のプロセスを繰り返す

ひとつひとつの議論の時間については5～10分程度で設定するとよいでしょう。筆者の現場では7分で設定し、継続する場合は継続したいと考えている人数に合わせて2～5分程度追加するという運用を行っています。なお、継続の意思表示については、オフラインの場であればサムズアップ／サムズダウン（親指を上に向ける／下に向ける）、オンラインの場であればチャット欄に矢印記号を投稿する（↑：継続したい、→：どちらでもいい、↓：次の議題にいきたい）といった方法で実施するとスムーズです。

リーンコーヒーでは自分たちでアジェンダを決めるため、積極的に議論に参加するモチベーションが生まれやすいという利点があります。また、汎用性が高い方法なので、様々な場面に対して適用することが可能です。

たとえば1on1の中で「これはチームで話したほうがいいんじゃないかな」と思うようなテーマが顔を出す状況があったとします。できればチーム全体で話し合う場をもちたいところです。そういったときに、ふりかえりの場でリーンコーヒーを活用することでそれぞれが考えていることをチーム全体で共有する場をつくることができます。

チームが自分たちの意見を出すことに慣れていない場合、リーンコーヒーを開催してもあまりトピックが出てこないこともあるでしょう。そういったときはここ最近チームに起こった出来事を思い出すことから始めてみましょう。たとえば時系列順に起こった出来事を書き出していく**タイムライン**は、リーンコーヒーで話したい議題を生むきっかけを作ってくれます。

タイムラインは以下の手順で作成していきます。

1. ふりかえり対象期間にあったことを思い出す
2. やったことを書き出す
3. ボードの「やったことゾーン」に貼る
4. おこったことを書き出す
5. ボードの「おこったことゾーン」に貼る

簡略化して、「おこったこと」のみ書き出す場合もあります。また、ふせんには事実のみを書き出し、「うれしかった」「大変だった」などの感情、評価は縦軸で表現します。上にいくほどポジティブ、下にいくほどネガティブになります。

なお、同じ出来事に対してポジティブに捉えている人とネガティブに捉えている人が出てくることがあります。**なぜチーム内でそのような違いが生まれたのかというのは掘り下げる価値のあるトピックですので、「他のメンバーはポジティブにしているから、本当は自分にとってはネガティブだったけど書かないでおこう」と気持ちに蓋をせず、ふせんに書き出していきましょう。**

図 4-16　何が起こっているのかを時系列で思い出し、どのように課題が育っていったかを分析する

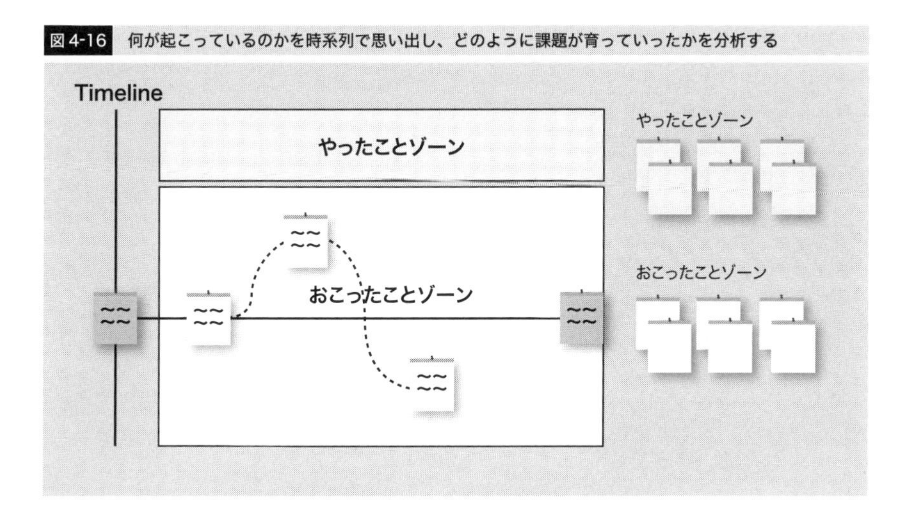

リーンコーヒーで話しきれないほどたくさんのトピックが出てくるのは、チームに所属するメンバーたちが主体的に自分の意見を開示できるようになっていることの表れでもあります。主体的に話し、自分たちで自分たちの課題と向き合う。それが習慣化していくことで、チームの眼前に立ちはだかる課題と向き合い、乗り越えていくしなやかなマインドセットが醸成されていきます。

なお、チームメンバーが5～6人程度であれば活発に意見を交わすことができますが、10人を超えるような規模感になってくると、テーマが発散しすぎてしまう、人数が多いため意見が出づらくなる、といった課題が出てきます（これはリーンコーヒーに限った話ではありませんが）。

そういった状況ではチームを分割し、ひとつのテーマに参加する人数を５～６人以下に保つなど工夫してみるとよいでしょう。お互いに話した内容を共有する時間を設けておくとよりよいです。

References

4-1 『マインドセット「やればできる！」の研究』キャロル・S・ドゥエック（2016、今西康子 訳、草思社）

4-2 『リフレクション (REFLECTION) 自分とチームの成長を加速させる内省の技術』（2021、熊平美香、ディスカヴァー・トゥエンティワン）

4-3 『ここはウォーターフォール市、アジャイル町 ストーリーで学ぶアジャイルな組織のつくり方』（2020、沢渡あまね・新井剛、翔泳社）

4-4 『完訳７つの習慣 - 人格主義の回復』スティーヴン・R．コヴィー（2013、フランクリン・コヴィー・ジャパン 訳、キングベアー出版）

4-5 『Working Out Loud: The Circle Workbook』（2020、John Stepper、Page Two Strategies Inc）

4-6 『GREAT BOSS（グレートボス）シリコンバレー式ずけずけ言う力』キム・スコット（2019、関美和 訳、東洋経済新報社）

4-7 『アート・オブ・アジャイル デベロップメント―組織を成功に導くエクストリームプログラミング』James Shore、Shane Warden（2009、木下史彦・平鍋健児 監訳、笹井崇司 訳、オライリージャパン）

戦略とは今やるべき3つの優先度リスト

松本 勇気
Yuki Matsumoto
LayerX 代表取締役 CTO

会社やチームで取り組む物事は、会社のミッション・ビジョン、チームのインセプションデッキ、その瞬間のビジネスイシューやチーム間連携など様々な要素が絡み合って作られる。様々な目標設定のフレームワークがあるが、どうしてもそうした要素から生まれる総花的な項目の羅列になることも多い。

羅列的目標設定をしてしまうと、簡単にあれもこれもやらねばとなり、結果生み出されるアウトプットも半端になることが多い。一人ひとりが今取り組むべきことが曖昧になりやすい。

私の現在経営している LayerX では、誰もが自分のやることを迷わず選べるように、という目的で「戦略とは今やるべき 3 つの優先度リストである」という言葉を掲げ、定期的にこの優先度リストを見直している。

よい戦略とはなんだろうか。ルメルト著『良い戦略・悪い戦略』においては、単純明快、やるべき方向性の指針となっており、仮説とその背景が含まれるものであるとなっている。これはチームや個人目標の設定においても同様だと考える。

迷わず方向性を定める指針の極地がリスト化だと思っている。優先度リストの重要な要件として「すべての物事に順位を付ける」がある。複雑な物事においては A も B も同じくらい重要だね、というある種の思考放棄をしがちだ。だが、これこそが混乱を生み出す悪い戦略に他ならない。

はっきりとすべての物事に優先度順位をつけたリストとして戦略を定義することで、目標設定時には否応なしにすべての取り組み項目・イシューの順位付けを求められることとなる。そしてリソースの制約からすべての取り組みが充足される日は来ない。順位付けをして、上から順にリソースを割り当てる、途中リソースや取り組み優先度がコンフリクトしそうになっても、順位に厳に従うことにする。これによって徹底した迷うことのない戦略指針となり、そこから生まれる目標は取り組みをシャープにする。

いついかなるときも、迷ったらこの優先度リストに立ち返ればいい。どの取り組みを優先すべきか、悩んだ時にどちらに意思決定をすればいいのか。優先度リストとその背景にある理由があれば、この視点をはっきりさせ、一人ひとりが迷わず自信を持って前進し、会社全体をアラインさせる。

アウトプットはシンプルであり誰にとってもわかりやすくしなければならない一方で、順位付けをするために考え抜くことが求められる。なぜこの順位なのか理由付けをして順位付けをするということは言い訳の余地が無い取り組みとなる。

もし、よい目標が作れているのか悩むことがあれば、手元の優先度リストを整理してみて、厳密に順位付けができているか確認してみてはいかがだろうか。もし曖昧な部分があれば、よりよい目標を作るよい機会となるだろうと思う。

STEP 5

助け合える
チームになろう

高い目標の達成を実現していくためには、個人の努力や成長はもちろんですが、それぞれの持ち味を活かし、チームとして助け合い相乗効果を生みながら前進していく協働関係が重要な役割を果たします。

最近はグングン
成果が出てますね

ですね！
チームもいきいき
してる！

誰か助けて
ください……

どうしたの！？

他のチームとの
調整が大変で……

イシバシさん
苦手だもんね
そういうの

それなら
私にまかせて！
タッセイさん！

ふむふむ
いいですね
そっかー
助け合うから
いきいきしてる！

それで成果にも
つながってるのか！

STEP 5-1 良質な関係が良質な結果を生み出す

成功循環モデル

ダニエル・キム氏が提唱する組織開発フレーム「成功循環モデル」では、成功を導き出すために重要な役割を果たす4つの要素、そしてその要素が絡み合い循環していく様をモデル化しています。

1. **関係の質：個人やチーム、組織内外の人々との関わり方**
2. **思考の質：意思決定、問題解決など**
3. **行動の質：計画や決定など**
4. **結果の質：行動によりもたらされる結果、成果**

成功循環モデルが示唆しているのは、よい結果を生み出すためにはチームや関係する人々との関係性が重要であること、よい結果はよい関係を生み、さらなるよい結果へとつながっていくということです。裏を返すと、関係の質が悪ければよい結果は生まれず、悪い結果は関係性の悪化を招き、さらなる悪い結果へとつながっていくということです。

であれば関係の質を良好に保てばいいという話なのですが、関係の質をわざわざ悪化させようとする人はいません。それにもかかわらず、自分以外のメンバーが何をやっているか知らない、ふりかえりで意見が出てこないなど良好とはいえない関係の質は現実的に存在します。これはなぜでしょうか。

成果を追い求めることからサイクルを始めると、まず成果を出そうという意識が強くなるためチームに圧がかかり、それが対立や無関心といった歪みとして現れ、関係の質が悪化します（成果を出そうという意識自体をもってはいけない、という話ではありません。念のため）。

STEP2 では内発的動機の重要性について触れていました。作業の指示や達成への圧力など、成果にのみフォーカスしたコミュニケーションばかりになってしまったとします。その状況では、関わる人々の内発的動機を喚起することは難しいでしょう。また、なぜそれをやるのか、達成したいのかという意義を伝えずに生み出すべき成果のみが伝えられていると、伝えられた側は結果として自分ごと化ができません。目標に対しての温度差は関係の質を低下させます。

高い目標を設定しその目標を達成することにこだわり抜きたいなら、まず成功の起点である関係の質を高めることに注力していきましょう。

成功循環モデルのグッドサイクル

関係の質を向上させるところから始めることで思考、行動、結果の質が高まり、その上で関係の質が向上していきます。

- **よい関係の質**

  関係する人々のコミュニケーションが促進される

  相互に信頼関係が育まれ、相乗効果を産みやすい土壌が出来上がる

- **よい思考の質**

  心理的安全性のある関係性の中で多様なアイデアが共有されていく

- **よい行動の質**

  内発的動機に基づき積極的に行動する

  失敗を恐れず行動することで学びが得やすい状況をつくる

- **よい結果の質**

  よい行動が導き出す結果としてよい結果が得られる

  ともによい結果を出したという成功体験が共有され、関係の質の向上につながる

成功循環モデルのバッドサイクル

結果ありきでコミュニケーションが設計されるため関係の質が低下した状態からサイクルが始まります。

- **悪い関係の質**

  指示的なコミュニケーションが多い

  コミュニケーション頻度が低い

お互いの価値観を共有しておらず些細なことでぶつかり合う

衝突を恐れて当たり障りのないコミュニケーションのみ行われる

- **悪い思考の質**

  お互いに牽制し合う関係の中で当たり障りのないアイデアが共有されていく

- **悪い行動の質**

  言われたことだけをやる消極的な行動

- **悪い結果の質**

  期待した結果が得られない

  結果の質が悪いことで関係性が悪化していく

 学び合う知識創造プロセス～ SECIモデル

野中郁次郎氏と竹内弘高氏によって提唱されたナレッジマネジメントのフレームワークがSECIモデルです。

図5-1 SECIモデル

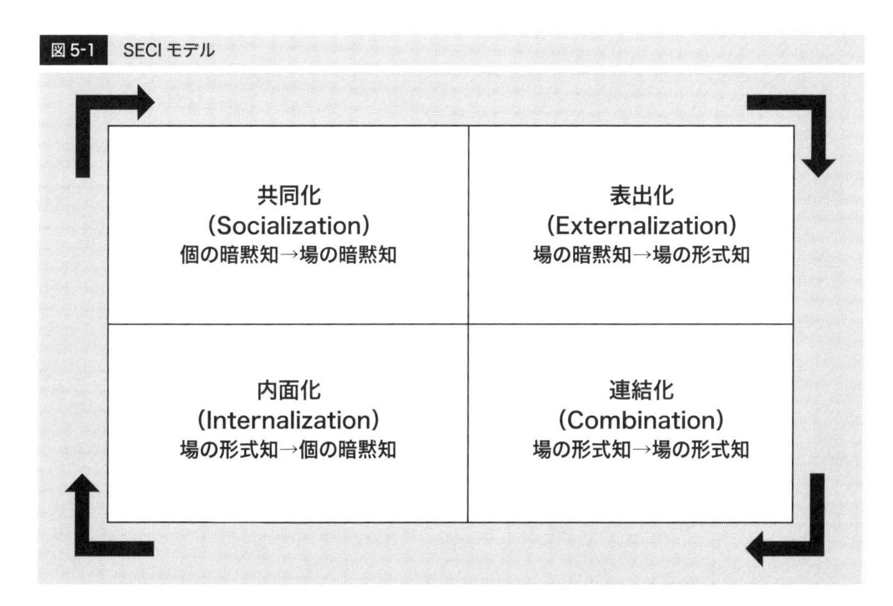

- **共同化**

  個人の中に閉じていた暗黙知を共有し場の暗黙知へと転換していく

  モブプログラミングなど共同作業を通して行われる

- **表出化**

  暗黙知を形式知に変換する

  ドキュメント化など言語化を通して行われる

- **連結化**

  形式知同士が組み合わさり新しい知識となっていく

  言語化された知識の体系化、統廃合など

- **内面化**

  形式知を個人の中で咀嚼する

  知識をもとに実践し個人の中で暗黙知として蓄積される

このSECIモデルのプロセスをうまく活用すると、チームで相乗効果を生み出していくことができます。前述の「成功循環モデル」でいうところの関係の質が良好であれば共同化、表出化、連結化が適切に行われていくため、チームの中でナレッジを育てていくという観点でも関係の質が重要であるといえます。

このSECIモデルが機能するために効果的なアクションの一例を紹介します。

表5-1 SECIモデルが機能するために効果的なアクションの例

プロセス	アクション
共同化	・モブプログラミング、ペアプログラミング ・Working out loud ・1on1 ・ふりかえり（チーム） ・ウィンセッション ・顧客訪問結果の共有
表出化	・ドキュメント化 ・ブログ執筆 ・勉強会の開催
連結化	・ドキュメントの整理や見直し ・勉強会参加レポートで学びをまとめる ・プロダクト利用率などの定量指標と顧客の声などの定性指標からインサイトを得る
内面化	・習得した知識をもとに手を動かしてみる ・ふりかえり（個人） ・インサイトから仮説を立てる

表出化、連結化は頭の中にあるものを整理し言語化するプロセスであり、実行するためにはそれなりの時間を確保しておきたいところです。変化への強さを手に入れるためにはある程度のSlack（ゆとり）が必要になるのです 5-1。

STEP3でも言及した通り、チームの活動には余白を持たせ、学習サイクルを効果的に回す余地を作り出しましょう。

STEP 5-2

好きと得意を活かす

協働関係を築いていく中で、お互いの得意分野を把握しておくことは相乗効果の創出を促進します。筆者が以前働いていた現場では得意／不得意、そして好き／嫌いで物事を分類した「好き嫌い表」というものを使って、チームでの協働関係について話し合う機会がありました。

図 5-2　好き嫌い表

そのタスクのことが好きで、かつ得意なのであれば、それはその人にとっての**十八番（オハコ）**です。その人がタスクを実施することはチームにとってメリットがあることですし、本人にとっても充実感を持って取り組めるタスクです。

そのタスクのことは好きだけど、まだ得意とはいえない状況であれば、そのタスクはその人にとって**成長機会**です。チームの中に自分より得意としている人がいる場合、本当はチャレンジしてみたいのに遠慮して身を引いてしまうことがありますが、それは成長機会の損失です。

そのタスクのことは好きじゃないのだけれど、過去に経験していたなどの理由で周囲のメンバーより得意である場合、本人としては**後継者探し**を行いたいタスクになります。本当は新しいチャレンジをしたいのにチーム内で他にできる人がいない、などの理由でこのタスクに従事している場合、それはその人の成長機会を奪っていることになります。気が進まない仕事をやり続けることでモチベーション低下にもつながる恐れがあります。

そのタスクを成長機会として捉えているメンバーがいるのであれば、その人が一人でタスクを完遂できるようにサポートする役割にまわるといいでしょう。前述のように、まだ十分なスキルを習得していないメンバーは、本当はチャレンジしてみたいのになかなか手を挙げられない場合があります。それこそ、あなたは「早く誰かに引き継ぎたいな……」と思っているのに、「これはあの人が得意な仕事だから……」と身を引いているかもしれません。チーム内で可視化をして、得意になりたい人に委譲していきましょう。

そのタスクは好きじゃないし得意でもない場合、**委任**する対象になります。好きじゃないし得意じゃない人にそのタスクを任せることはチームにとってもメリットが少ない行為ですので、できるだけ早く他の人に渡しましょう。悩ましいのが、チームの中にいる誰にとっても「好きじゃないし得意でもない」タスクがある場合です。

それがチームにとって重要度が低いタスクであればこれを機会に止めてしまうことをおすすめします。もしチームにとって必要なタスクであれば、いったんはチームメンバーでがんばって取り組みながら、チーム外から適任のメンバーを連れてきたりカイゼンで負荷を下げたりといった対応をしていくことが望ましいでしょう。

このようにそれぞれの得意／不得意、好き／嫌いを見える化しておくと、チーム内でどのような協働関係を築けばよいかが浮き彫りになっていきます。

後継者探しのタスクを持っている人は、そのタスクが成長機会であるメンバーとペアを組み、将来のタスク移譲を目的として協働していくとよいでしょう。

委任したいタスクを抱えている人は、自分の代わりに手を挙げてくれる人がいないか勇気をもって確認する機会が得られます。

図 5-3　好き嫌い表（チームいきいきの例）

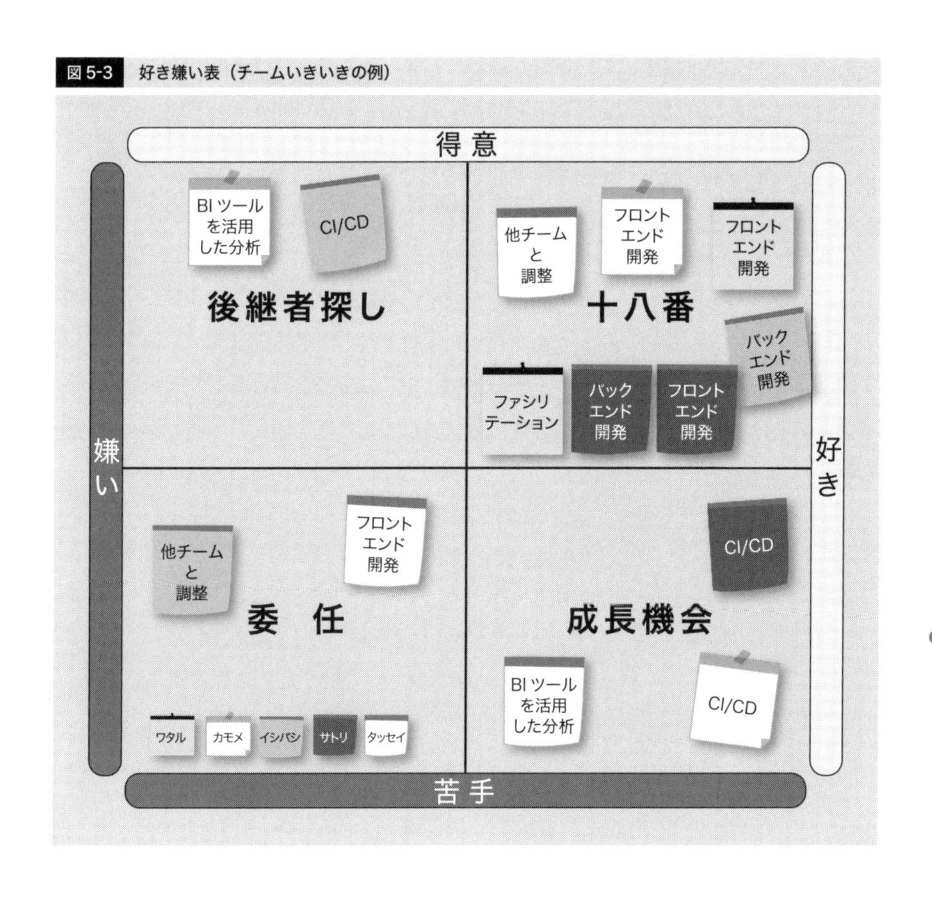

チームいきいきの場合、十八番に多くのふせんが集まっているので、ある程度得意を活かしたチーム開発が行われているようです。

CI/CDを得意としているイシバシさんが実はCI/CDはあまり好きじゃなかったり、逆にサトリさん、カモメさんはCI/CDについてもっと知見を深めたいと思っているようです。CI/CD周りのカイゼンは三人で取り組みながら、徐々にサトリさん、カモメさんに移譲していくとよさそうです。

タッセイさんは今はフロントエンド開発を担当することが多いのですが、実は苦手意識があり、かつあまり得意ではないことがわかりました。幸いこのチームにはフロントエンド開発を得意としている人が二人もいるので、そこに任せれば問題はなさそうです。

このように、何が好きで何が得意かを開示しチームで共有することで、それぞれの持ち味を活かしながらチームとして協働していく動きがやりやすくなります。

なお、ここでは好き／嫌いは固定的なものとして解説しましたが、時の流れとともに変化していくことも十分にありえます。周囲から頼りにされていることを知ったイシバシさんがCI/CDにやりがいを見出して好きになったりすることもあるでしょう。また、好きだから得意になろうと頑張っていたけれどもなかなか芽が出ない中で、他のことにチャレンジしたいな……と気持ちが変わることもあるでしょう。**以前に好きといったからがんばり続けなきゃ、嫌いといったからそこからは身を引かなきゃ、と考える必要はありません。今この瞬間に感じていることを大切にして行動していきましょう。**

STEP 5-3 チームに漂う停滞感

チームが成長していく過程で、努力してもなかなか成果につながらない停滞感を感じる時期があります。OKR の達成状況、チームの開発効率、ふりかえりで出てくるアクションの効果……この停滞感はいろいろなところで顔を出します。

表 5-2 様々な領域で顔を出す停滞感

対象	事象
OKR の達成状況	最初は順調に進捗を重ねていたのに、ある時期を境に進捗が進まなくなる
チームの開発効率	思いつく範囲での効率化にすべて取り組んだ結果、これ以上の改善は望めないという空気が漂っている
ふりかえり	ふりかえりを始めた頃は毎回めざましい改善が見られたが、最近はアクションがあまり出てこないし出てきても効果が小さい。なのでふりかえりの頻度を低くしようという提案が出てきている状態

なぜこのような状況が発生するのでしょうか。これには様々な理由が考えられます。そのうちのひとつが費用対効果によるものです。

図 5-4 私たちは「少ない労力で大きな効果が得られる」タスクから取り組んでいく

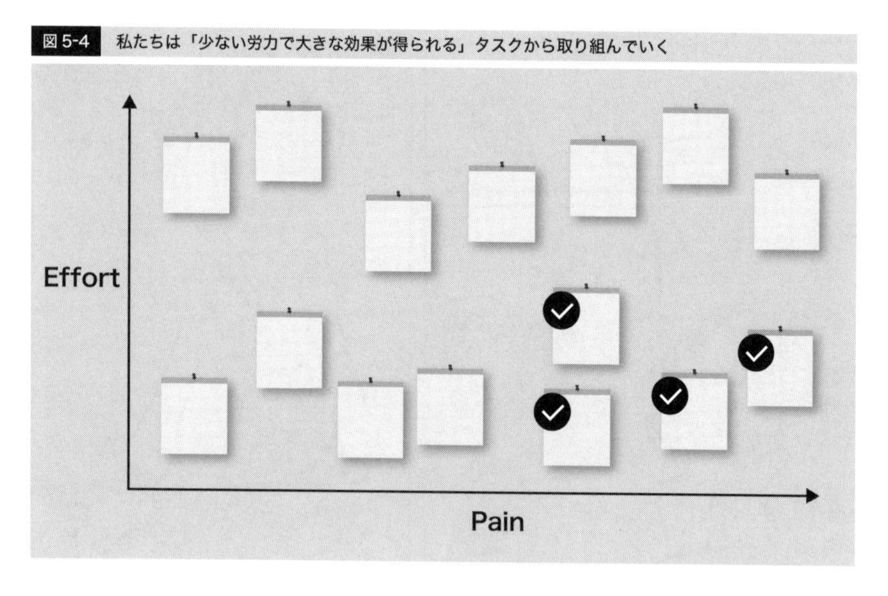

私たちが何かに取り組み始めたとき、**初期の段階では少ない労力で大きな効果が得られる施策がいくつか存在しています。**開発サイクルで生み出す毎回のクイックウィンが十分に効果的なものであるため、チームには自己効力感が生まれます。自分たち

はやっていけるぞという感覚からチームの勢いも強まっていきます。

そのため、簡単に大きな効果を得られるクイックウィン対象が枯渇したとき、チームは停滞感を感じます。いってしまえばこれまで取り組んできた課題は「コスパ最高」ゾーンにあったものなので、そこと比較するとどうしても「効果が出なくなった」「成長が鈍化している」と感じやすくなります。

では、少ない労力で大きな効果が得られるタスクがなくなってしまった今、私たちは何に取り組めばよいのでしょうか。

短いスパンでクイックウィンを得たいと考えると、「少ない労力で小さな効果が得られる」タスクに取り組みたくなります。もちろんそれが効果的な場合もありますが、本書では「大きい労力で大きな効果が得られる」タスクへと舵をとっていくべきというスタンスをとります。

私たちに与えられた時間は有限です。そして私たちがコミットメントしているのは価値の創出、目標の達成です。目の前にある小さな課題をつぶすことではありません。そう考えると、勇気をもって大きな労力が必要なタスクと向き合っていくことが必要なのです。

でも、そうするとクイックウィンが生み出せないんじゃないの？　という疑問を持たれるかもしれません。ここは確かに気にしておきたいポイントです。さらなる効率化、成長を目指すためにはこれまでと異なるアプローチが必要になってきます。ここからは、そのアプローチをいくつか紹介していきます。

OKRリファインメント

STEP2で触れたように、不確実性の高い状況においては設定した目標をどのように達成していけばよいかさえわからないことがあります。

図5-5　達成への道筋

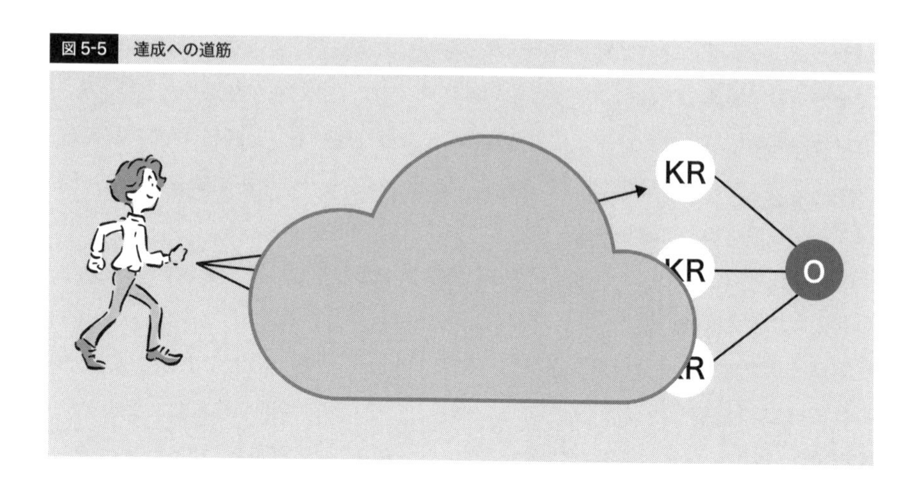

　わからないなりに自分たちでできることに取り組み、少しずつわかることを増やしていきます。そのために、STEP3で触れたような短い期間で小さく作っていく、アジャイルなやり方でアプローチしていきます。前に進み続ける中で、もともとゴールに続くと考えていた道がそうではないことに気がついたり、思ったより遠回りだったりということを学んでいきます。

図5-6　少しずつ目標達成への道のりを明らかにしていく

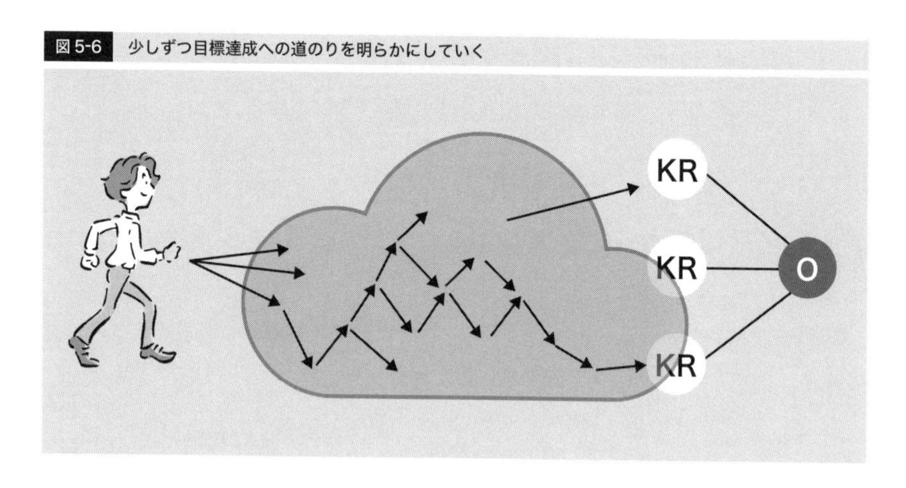

　目標達成に向けて短い期間で試行錯誤する中で、そもそも目標や成果指標を見直したほうがいい、と気づくことがあります。たとえば、チームいきいきのKey Result

であった「レポート配信頻度が週 1 以上になっている」はイシバシさんの提案により見直すことになりました。

図 5-7　目標の見直し

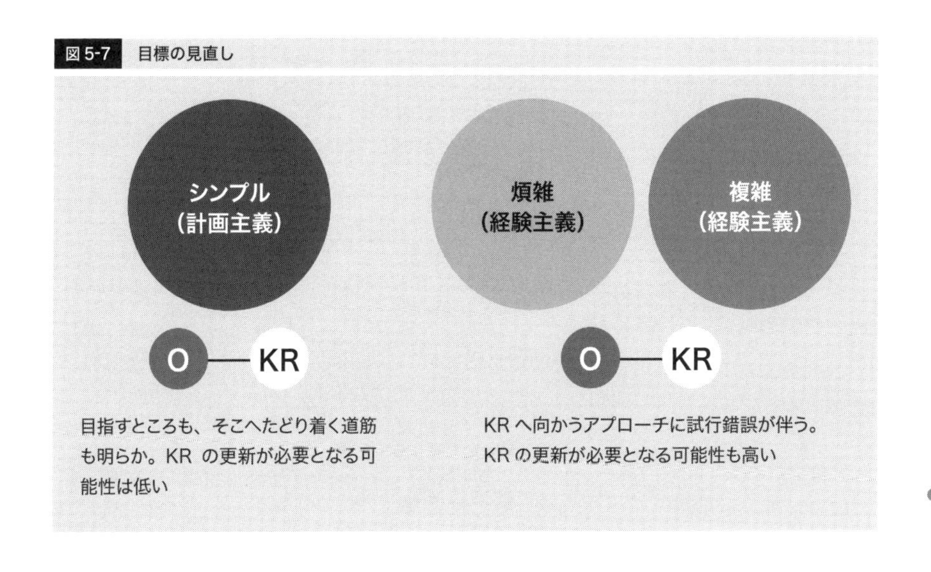

STEP2 で解説したステーシーマトリクスに当てはめて考えてみます。不確実性が低いシンプルなものであれば、KR の更新が必要となる可能性は低いでしょう。ですが、技術・要求いずれかの不確実性が高いのであれば、KR へ向かうアプローチには試行錯誤が伴います。

その Key Result を追いかけ続けていても O の達成に近づかないことがわかったとき、ある Key Result を追いかける中でもっと適切な Key Result の存在に気づいたとき、組織の中でその OKR に対する優先順位が変わったときなどは OKR を更新する絶好のタイミングです。そのタイミングがいつやってくるかは状況によって異なるので、たとえば月に 1 回ウィンセッションを行うタイミングで見直しの時間も合わせて設けておくなど、定期的に確認する機会を作ることをおすすめします。

表5-3 OKRを更新するタイミング

リファインメントでのアクション	いつ行うべきか
Key Resultの上方修正	Objectiveの達成に対してそのKey Resultがリニアに作用するのであれば、上方修正によってさらにObjective達成に近づく。むやみに引き上げるとモチベーション低下を引き起こすため要注意
Key Resultの下方修正	下方修正をすることでOKR内での優先順位を引き下げることになり、他のOKRへの集中を生む。気をつけておきたいのが、進捗が悪いことへの不安感から引き下げるとモチベーションの低下、ステークホルダーからの信頼度低下などの原因になる点。そのため、下方修正は慎重に行う
Key Resultの追加	Objectiveの達成に対して有効な手段が見つかったときは、Key Resultを追加するタイミング。追うべきKey Resultが多すぎる状態はチームから集中力を奪い、スイッチングコストの発生を誘発するため要注意。優先順位が低いKey Result、このKey Resultを追加することで不要になるKey Resultを削除するなどして増えすぎないように注意する
Key Resultの削除	そのKey ResultがObjectiveの達成に対して効果的でないと判断したとき、もっと優先順位の高いKey Resultを発見したときは削除するタイミング。チームに集中を生む。進捗が悪いなどの理由で削除してしまうと、本来チームが獲得すべき能力向上へのモチベーションを失うなど負の側面があるので要注意
Objectiveの変更／追加／削除	基本的にはあまり短いスパン（四半期より短い期間）では行わない。市場環境の大規模な変動、会社の戦略的意思決定などが発生した場合に変更する。このObjectiveに関連付けられたKey Resultsすべてに影響するため変更は慎重に判断する

なお、「達成できないから下方修正する」というリファインメントのやり方は最後の手段にとっておきたいところです。OKRはそもそも高めの目標設定をすることが多いので、常に「このままでは達成できないのではないのか」という不安がつきまといます。そのため不安を感じないレベルまで目標を引き下げたくなりますが、まずはその目標達成を目指すにあたって障壁になっているものは何か、前進させるためには何が必要かを考えていきましょう。**下方修正を行うトレードオフとして他のKRの達成率を向上させる、など選択と集中のために行う場合もありますが、そういった戦略に基づいた下方修正なのか、不安からくる後ろ向きな意思決定なのか見極めていきましょう。**

STEP 5-4

チームの負の側面と向き合う

「象、死んだ魚、嘔吐」はチームのふりかえりのための手法です。初めて見たときにはちょっと驚いてしまうような名前ですね。これは普段は口にしない・しづらいようなことも共有して、自己開示していくことができるフレームワークです。チームの雰囲気が重苦しく、言いたいことを言えないような状況を突破することを手助けしてくれます。チームで自己開示し合うことでチームが抱えている負の側面に対して共通認識を持ち、その課題の解決に向けて協働するきっかけをつくることができます。

- 象：誰も口に出さないけれども全員が知っている真実
- 死んだ魚：早く対処すべき問題、悩みの種。放っておくと事態が悪化する
- 嘔吐：胸の内に秘めた思いを率直に話す

【「象、死んだ魚、嘔吐」の実施プロセス】

1. 「象、死んだ魚、嘔吐」それぞれについてメンバーに書き出してもらう
2. 書き出されたふせんを1枚ずつ見ていく。書いた人が詳細について話す
3. その共有に対してメンバー全員で質問したり、深掘りしたりする
4. このプロセスを、すべてのふせんを見終わるまで続ける

図 5-8 チームいきいきで実施した「象、死んだ魚、嘔吐」

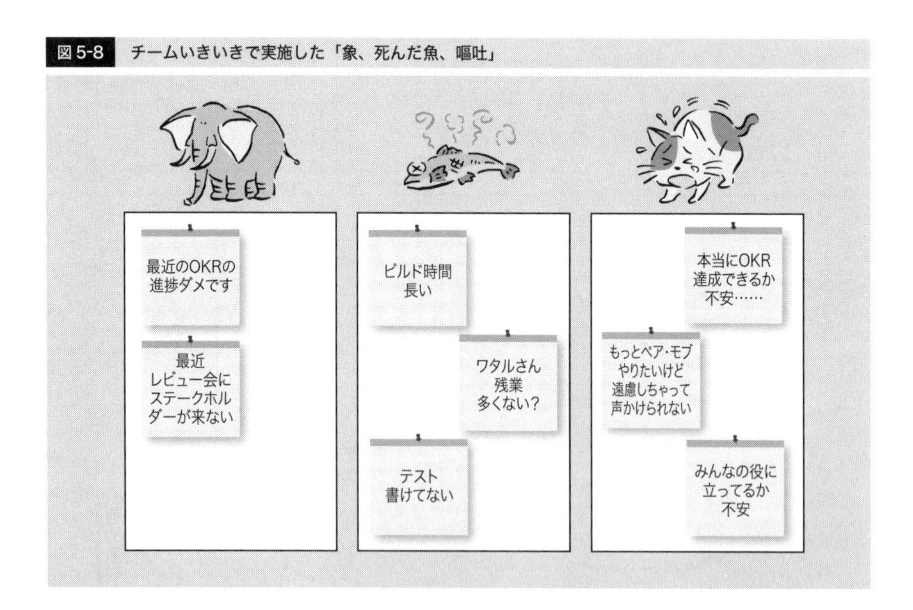

「象、死んだ魚、嘔吐」をやってみた例

では、一番左上から見ていきましょう。これは……僕ですね。みんなも知ってると思うけど、最近 OKR の進捗がよくないです

そうなんだよねー、このままだと達成できるのか不安

確かに数字の上では、あまりよくないですね。それもあって最近 OKR を見直しましたが、そこからはどうですか？

OKR 見直してからはけっこういい感じですね。見直しの効果が出ている！

そっか！　それはよかった！

じゃあ次のふせん……最近レビュー会にステークホルダーが来ない。これは誰ですか？

私です

前からちょくちょくありましたよね、来ないとき。忙しいときは仕方ないのですかね？

うーん、でもレビューに来てくれないから結局あとから別でミーティング設定したりしてて、開発スピードにはよくない影響が出てるんだよね

確かにその通りです。明日聞いてみるか。じゃあ次、「ビルド時間長い！」これは……？

私です。最近は 30 分くらいかかります。お昼ごはんを食べにいって帰ってきたらまだ終わっていなかったこともあります

確かにビルドが速くなれば、もっといろいろ試せそうだよねー

サトリ

どこに時間かかってますか？

それはまだわかってなくて、これからプロファイリングする予定です

じゃあ、プロファイリングできたら結果に基づいてカイゼンタスクをプロダクトバックログに追加していきましょう

〜中略〜

最後のふせんですね。「みんなの役に立ってるか不安」……これはどなたでしょうか

私です

え⁉　サトリさん？

はい。カモメさんみたいに全体をリードできるわけでもなければ、イシバシさんみたいに的を射たテスト設計ができるわけでもありません。みなさんに助けられてばかりで、果たして自分はここにいる意味があるのだろうか、と思うときがあるんです

サトリさん、いつも飄々としているからそんな風に考えてるなんて全然知らなかった

サトリさん……とても助かってます。的確なレビューコメントをしてくれたり

チームが詰まってるときに、いいアドバイス？問いかけ？をしてくれてるなーって思ってるよ。大事なメンバーだよ！　ね、ワタルくん！

みんなの言う通りです。サトリさんの後押しで僕たちが前に進めた瞬間ってたくさんあるんですよ

ありがとうございます。とても安心しました

チームいきいきのサトリさんのように、普段みんなが頼りにしているメンバーが、実は不安を抱えて過ごしているということは案外よくあることです。お互いが考えていることを共有できれば、お互いにサポートし合ったり、不安に感じやすい部分の情報を前もって伝えたりする行動につながりやすくなります。

なお、「象、死んだ魚、嘔吐」のようにネガティブな側面と向き合うふりかえりを実施する際は、「この場にいる参加者は皆、全力を尽くしてきた」ということを前提におくようにしましょう。STEP4 で紹介したノームカースの最優先条項を読み上げるのもよいでしょう。全力を尽くしたよね、という共通認識があれば、自分の胸の内にある気になっていることを勇気を持って公開していくことができます。

STEP 5-5
GRITを持って目標に向き合う

GRIT

　この STEP では、メンバーが助け合える良質な関係を築くことの大切さや、お互いにチームワークを発揮していくための方法について解説してきました。また、チームに停滞感が生まれたときにとるべきアクション、OKR をリファインメントする方法についても触れてきました。STEP の最後として、チームが OKR 達成に向けてやりきるために必要な GRIT について、そして成長するために必要な学びを仕組みとして取り入れる方法について解説します。

　GRIT は、日本語でいうと「やり抜く力」を指します。同名のタイトルで書籍も刊行されています 5-2 。やり抜く力は情熱、そして粘り強さで構成されています。両方の要素が存在することで、困難な状況でも諦めずやり抜く力が生まれます。

　「やり抜く力」と聞くとなんでも必死にがんばる、気合と根性の世界のように感じられます。ですが、**「やり抜く」対象は目の前にあるタスクではありません。目標を達成するということをやり抜くのです。** そのため、目標と関連性の低いタスクについては勇気をもって捨てるといった行動も重要になってきます。Objective の達成に対して GRIT を発揮する具体的な行動としては、有効ではないと判明した Key Result を破棄し、新しい Key Result を設定するというものがあります。

図 5-9　KR を更新する例

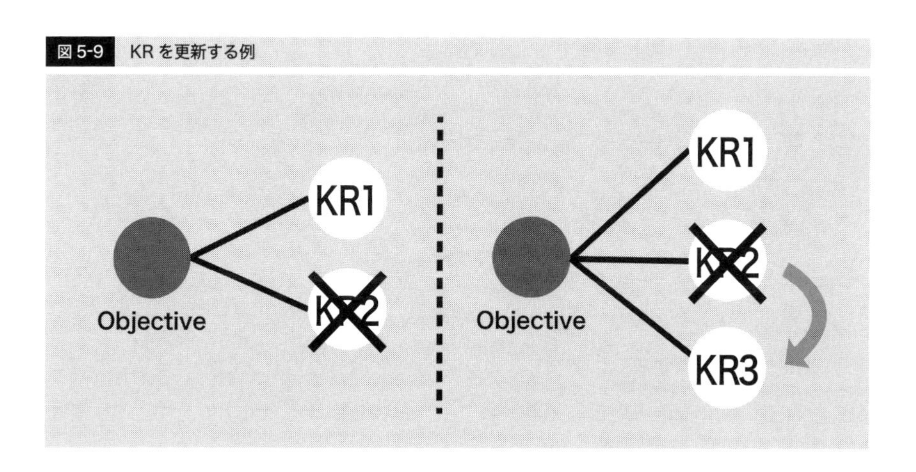

このGRITを強くしていくためには、以下の4つの要素が重要です。

1. **興味を持つ。自分のやっていることを心から楽しんでこそ情熱が生まれる**
2. **練習する。慢心せず、昨日よりも上手になるという気持ちで日々の努力を怠らない**
3. **目的を持つ。自分の仕事が、自分だけではなく他の人たちにとっても重要だと確信する**
4. **希望を持つ。自分はもっと成長できる、目標はきっと達成できるという気持ちが粘り強さを生む**

本書で紹介してきたOKR、そしてアジャイルな開発のあり方には、このGRITを育む要素が詰まっています。

OKRとGRIT

OKRを主体的に設定することで、目標に対して興味を持つことができます。また、「なぜその目標なのか？」「なぜ今目指すべきなのか？」を自らに問いかけ明らかにしていくことで、目的を明確にすることができます。

個人の志向性とチームの志向性は必ずしも一致しないため、場合によっては興味を持つことが難しい目標もあるかもしれません。そういったときは、STEP5-2で紹介した「好き嫌い表」を用いてチームメンバーの興味関心を見える化しておくと、それぞれの興味関心を活かした役割分担で目標設定と向き合うことができます。

STEP4では目標の共同所有を推奨していますし、基本的にはそうしたいですが、チームが目標設定に向かうための最良のフォーメーションが志向性に応じた役割分担であれば、それを選択するのもよいでしょう。

アジャイルとGRIT

反復的な開発の中でふりかえりカイゼンしながら進んでいくことは、GRITを支える要素のうち「練習する」に該当します。自分たちは完璧な状態にたどり着くことはなく、常にカイゼンの余地があると信じて上を目指し続ける姿勢が努力を生み、成長につながっていきます。

このときに「自分たちは成長できる」と信じていることが大切です。

STEP4で示したように、自分たちの能力は固定的なものだという硬直マインドセットではなく、自分たちは絶えず変化していけると信じるしなやかマインドセットであることが私たちをさらなる成長へと導きます。

 ラーニングセッションで練習を加速する

GRITを発揮するために大切な「練習」。この練習を個々人の努力に委ねるのではなく、チームとして意識的に設計することで効果的に学び成長することができます。チームで行う勉強会、読書会、ワークショップ・セミナーへの参加をラーニングセッションと呼びます。

今、まさにチームが必要としているスキルの習得であれば、毎日30～60分程度の時間を設けてモブプログラミングを行ったり、使いたいツールを使ってみたりといった手を動かす形式の勉強会の実施が効果的です。

近い将来に必要となりそうなスキルに対しては、毎週30～60分程度の時間を設けて該当スキルについて学べる書籍の輪読会を実施し体系的な知識を学ぶとよいでしょう。また、ワークショップや外部セミナーに積極的に参加することも有効です。

外部のイベントに参加するメリットとしては、ナレッジ収集やスキル習得はもちろんですがコミュニティでのつながりを得られるというものがあります。**コミュニティには、現在進行系で自分たちが悩んでいることをすでに解決した人たちがいて、その知見を発信しているかもしれません。逆に、自分たちの学びを共有することで前に進むことができる人がいるかもしれません。**

うまくラーニングセッションを活用して効果的に練習し、自分たちのGRITを強化していきましょう。

図 5-10 学びの連鎖の中に身を投じる

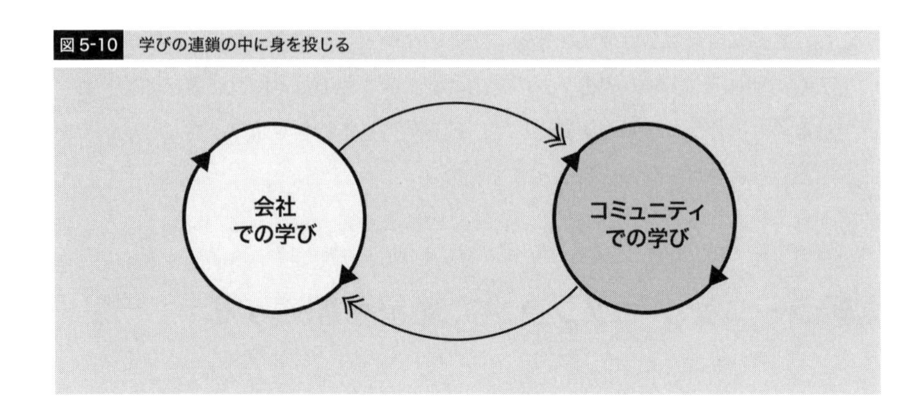

そんな時間はない！ ……本当にないのは時間ですか？

目標達成に向けて情熱を持ち、粘り強く行動し続けるには GRIT が必要となります。その GRIT を強くするためにはたゆまぬ努力により成長し続けていくことになり、それを実現するために効果的なのがラーニングセッションである、ということをお伝えしました。

毎日 30 ～ 60 分、毎週 30 ～ 60 分の時間をとる。外部のセミナーに参加する。もしかしたら「そんな時間ないよ！」と思われたかもしれません。

チームいきいきでも、そのようなやりとりが行われているようです。

もっとテストを効率的にやりたいと考えています。今はJestを使っていますが、Vitestも試してみたいです。誰か一緒に触ってみませんか？

実は僕もVitest気になってて、休日にちょこちょこ触ってます！ ikkyのテストを置き換えるのはなかなか手間ですが、まず勉強から一緒にやるのもいいですね。でもそんな時間あるかな……。時間ないんじゃないかな

やろーやろー！

うーん、いいと思うんだけど、今やるのがいいのかな？ 目標達成に向けてスパートをかけてるところで、今は時間がないんじゃない？ ね、ワタルくん

そうですね、ちょっと時間ないですね

「時間がない」というキーワードが出たときに気にしておきたいのが、それが本当に「時間がない」のか、他の理由から出た言葉なのかという点です。

【「時間がない」という言葉の背景にあるもの】

- **文字通り時間がとれない**
- **時間をかけてよいかわからない**
- **それに対する意欲がない**

ひとつひとつ見ていきます。

文字通り時間がとれない

複数のチームを掛け持ちしていたり、リリース間際の正念場に突入している場合、文字通り時間がとれないケースがあります。「どれくらいの時間だったらとれそう？」「どれくらい時間に余裕ができたらそれに取り組めそう？」という問いかけに対して明確な答えが返ってくるなら、この状態である可能性が高いでしょう。

予定がパンパンに詰まっている、残業が常態化しているといった様子からも、この「文字通り時間がとれない」状況であると判断することができます。

目標達成に直結するかわからないタスクに今手をつけるべきかわからない、というのは確かにその通りですね。たとえば毎日30分ずつ朝会の前にちょっとずつ勉強する、などはいかがでしょうか

ああ、それくらいならいいですね！

なお、その忙しさ、時間のなさが一過性のものであれば、その忙しい時期が過ぎ去るのを待って取り組むというのもひとつの手です。一方で恒常的に時間がないようであれば、現状の余白を確認してみましょう。もし30分ごとに歯抜けの予定が入るなどの状況であれば集中して物事に取り組むことが難しい状況になっているので、予定を調整しまとまった作業時間をとれるようにしましょう。

図5-11　予定を調整し余白を生み出す

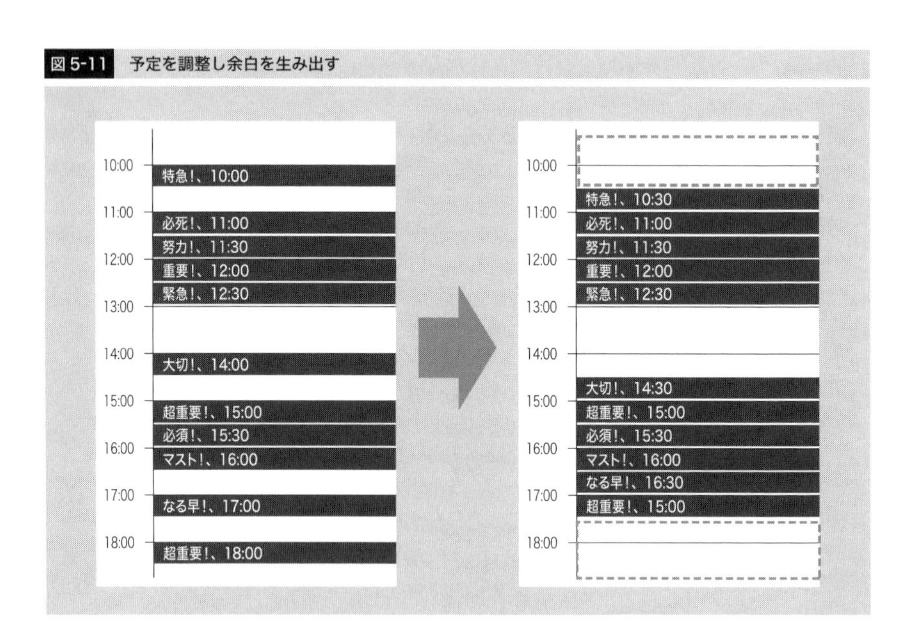

まとまった時間を捻出するというところからさらに踏み込んで、そもそも予定を減らすというのも有効なアプローチです。

図 5-12　予定を減らし時間を調整して余白を生み出す

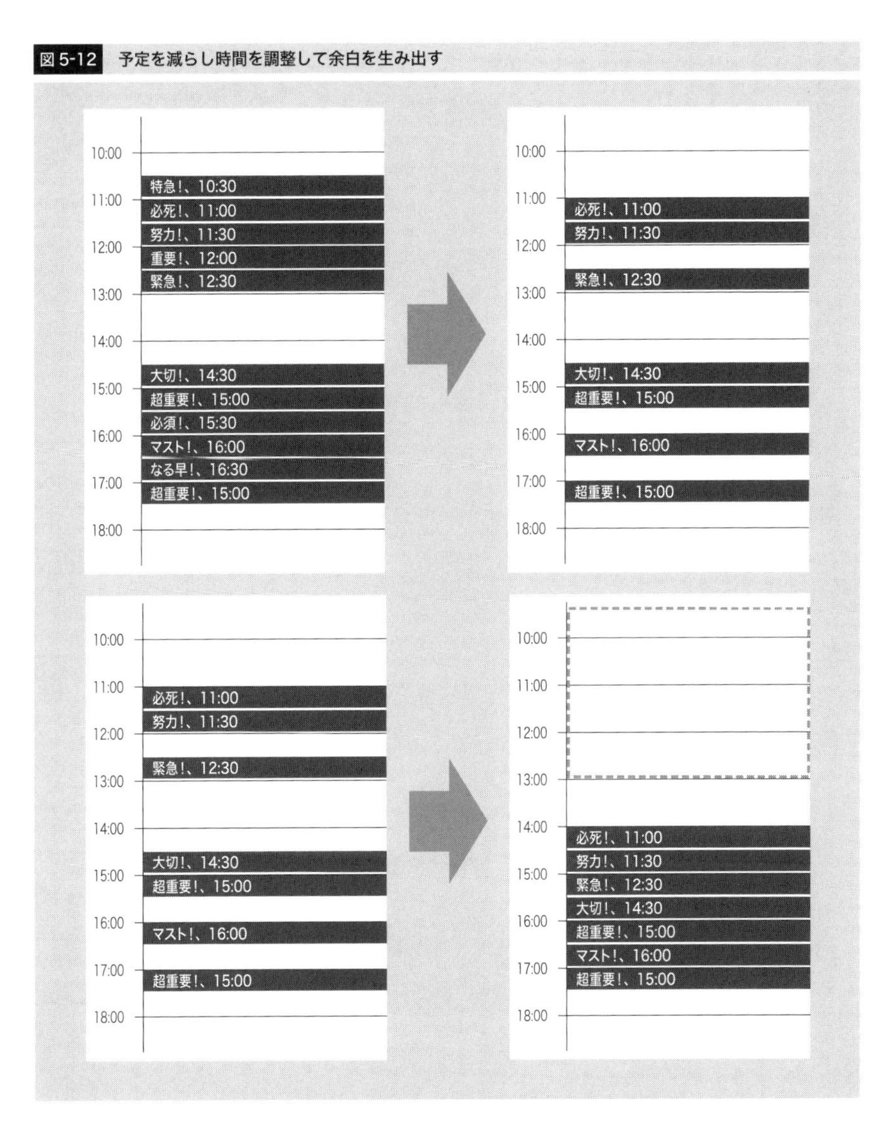

「本当に時間がない」場合のアプローチを図示したものが図 5-13 です。このフローチャートを参考に余白を生み出せないかトライしてみましょう。

図 5-13　余白を生み出せないかを考えるためのフローチャート

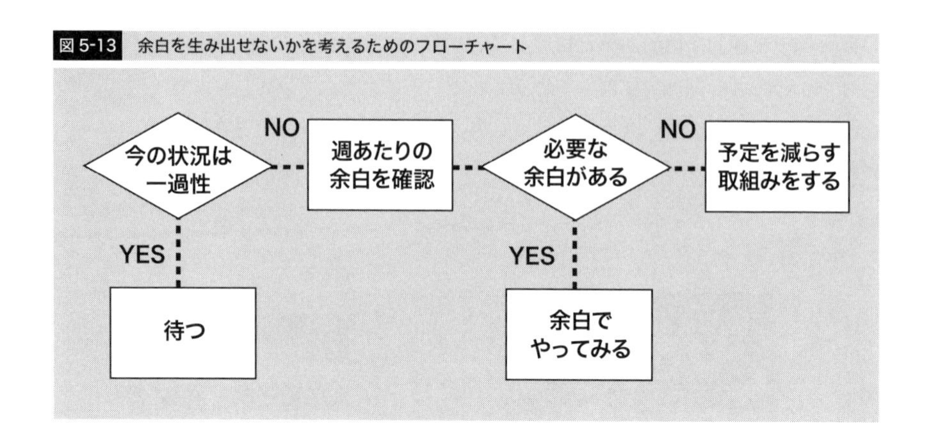

時間をかけてよいかわからない

自分自身では取り組みたいと思っているし、そのための余白もあるのだけれども、それに時間をとっていいかわからない場合があります。明示的に禁止されているわけではないけど、業務時間は与えられた仕事以外やってはいけない空気感がある、新しいことに挑戦するために上長の承認が必要となる、といったケースではこの「時間をかけてよいかわからない」という状況に陥りがちです。

これを打開するためにまずとるべき行動が、「判断を仰ぐべきだと思っている相手に直接聞く」です。

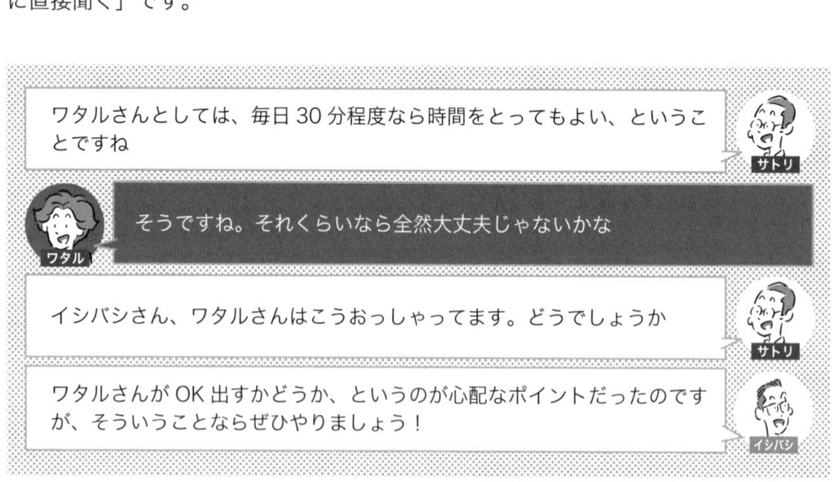

チームいきいきの場合、イシバシさんが「時間をかけてよいかわからない」という状況でした。イシバシさんが判断を仰ぎたい相手はワタルくんで、チームでの会話の中で時間をかけてよいことが確認できたため、イシバシさんの懸念はなくすことができました。

それに対する意欲がない

時間がないという言葉が出てくるとき、蓋を開けてみると時間がないわけではなく、それに対する意欲がない、というケースがあります。意欲は自信、関心、動機の3要素で構成されており、いずれかが欠けている場合は意欲がない状態となります。

その対象のことを知らなければ関心を持つことは難しく、知らないので動機づけされることもありません。なので、まずは知ってもらうことが大切です。

サトリ：Vitest はユニットテストフレームワークで、これを採用することでテストの実行時間を高速化できる可能性があります。また、現在 ikky で使っている Jest とある程度互換性があるので、移行もそれなりにしやすいと予想しています

タッセイ：へー、そうなんだ

では知ってもらえればすぐに意欲が湧いてくるかというと、そうではありません。自分の興味関心の中にはなかったり、過去に同様の取り組みに挑戦してうまくいかなかったという失敗体験の記憶があったりすると、知識を得たところでそれに取り組もうという気持ちは湧いてきません。

失敗体験の記憶があるというのは、意欲を支える要素のうち「自信」が欠落した状態です。

昔、テストフレームワークのアップデートを試したことがあったんだけど、うまくいかなかったんだよね。互換性があるって話なのに全然なくてほぼ書き直しになったり、それなのに特に高速化の恩恵とかもなくて……。今回もそうなるんじゃないの？って気がしてて、あまり気が進まないんだよね

こういったときに有効なのが、近い現場における成功事例や研修を通した成功体験の獲得などです。

僕の手元で試した感じだと、ikky のテストコードの移行はかなりすんなりいけそうです！　あと、自分のプライベートの開発での結果だから参考程度ですけど、テスト実行時間は半分くらいになりました

そうなんだ！　イシバシくんがそういうなら、やってみてもいいかな

今回の場合、イシバシさんが手元で試していて好感触だった、というのが近い現場での成功事例に相当するものでした。なんとかタッセイさんがその気になってくれたようでよかったですね。

図 5-14　意欲を掻き立てるまでのアプローチ

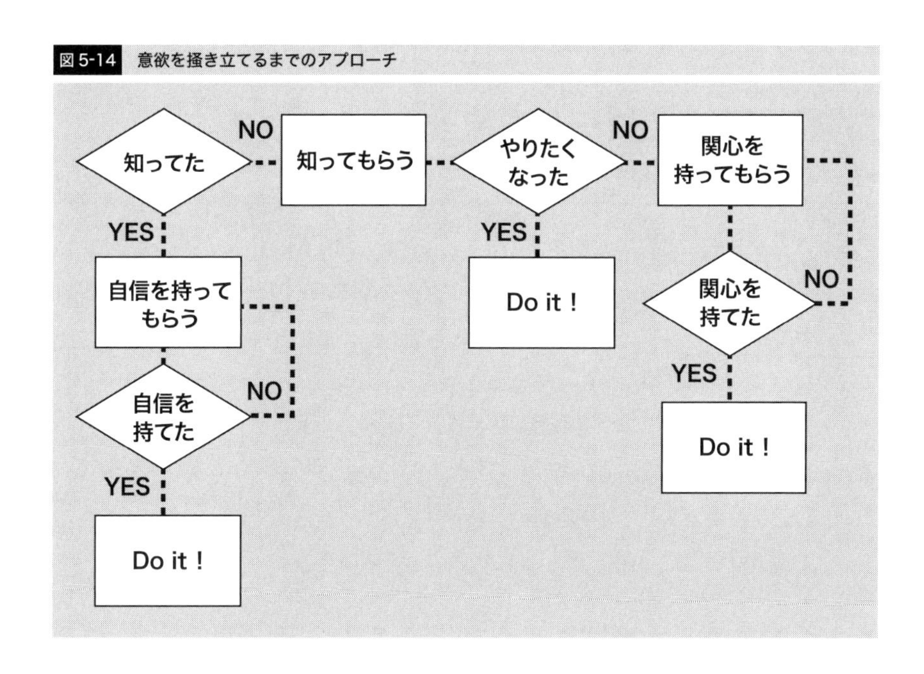

このように、「時間がない」という言葉の背景には様々な理由が隠れています。真の理由を明らかにして、適切にアプローチしていきましょう。その先にラーニングセッションがあり、チームの成長があります。

5-1『ゆとりの法則 ― 誰も書かなかったプロジェクト管理の誤解』トム・デマルコ（2001、伊豆原弓 訳、日経BP）
5-2『やり抜く力 人生のあらゆる成功を決める「究極の能力」を身につける』アンジェラ・ダックワース（2016、神崎朗子 訳、ダイヤモンド社）

あなたは自分のゴールを持っていますか？

みなさんが作成しているOKRはワクワクしますか？　Objectivesは自分のゴールと照らしあわせてワクワクの関連度合いはどれくらいありますか？　Key Resultsを目指すにあたってワクワクバックログが立てられそうですか？

もしかしたら多くの人が自分のゴールを見失ってしまっていることによりワクワク感が薄いのかもしれません。特に、仕事という、人生の中で多くの時間を費やす日々において、自己実現や満足を見出すことが難しいと感じている方も多いことでしょう。

そんなときは、自分自身に向き合ってみる機会です。仕事における喜びや達成感は多岐にわたります。スキルアップやキャリアアップのため、世の中の課題解決や社会への貢献のため、お金を稼ぐためなど、人それぞれ違っていてよいのです。

働き始めた頃を思い出してみるのも手です。世の中に様々な仕事がある中で、何かしらの思いがあって、今の会社や仕事に従事しています。仕事の中身ではなく経済的理由が大きな判断基準かもしれませんが、なぜか今の仕事に行き着いたんです。会社という器の中で何をやり遂げたいと思っていたのだろうか、どんな貢献をしたかったのだろうか？

過去をふりかえりながら、再度ゴールを設定してみましょう。すぐに理想のゴールを出せなくてもよいのです。ゴールは柔軟に変更できるものであり、完璧さを求める必要もありません。時間とともに変化することも自然な流れです。自己実現や満足を得るためには、自分のゴールを常に見つめ直し、調整するこ

新井 剛
Takeshi Arai
株式会社レッドジャーニー
取締役 COO

とが欠かせません。

また、ゴール設定に難しさを感じるのであれば、自分の感情や情熱を大切にしましょう。楽しいと感じる業務や、喜びを感じる瞬間を思い浮かべながら、ゴールを見つけることができます。過去の成功体験や得意な業務をもとに、自分にとって意義深いゴールを設定することができるでしょう。

- **どんな仕事をしているときが楽しいのか？**
- **何を達成したときに、心から気持ちいいと感じたのか？**
- **周りからの称賛で何をしたときに得意げに感じたのか？**

そして、これらの喜びを増強させた延長線上にゴールを設定してみるのです。

たとえば、若手メンバーに解決策を教えたとき、満面の笑みに喜びを感じたのであれば、教育系の部門や社内新人研修の講師系の業務の量を増加させることを直近のゴールにしてもよいでしょう。

自分の中のどんな要素でもよいのでゴールを持つことができれば、会社内の OKR の上位目標が強すぎる場合であっても、役立ちそうな接点を見つけることができるでしょう。より深みがあり臨場感の感じられる OKR に仕上がるはずです。

OKR のウィンセッションでは、自己成長につながっているか、自分のゴールに近づいているか、仕事の中に楽しさを感じているかを自分に問いかけてみてください。何か気づきがあるはずです。

STEP 6

チームの開発生産性を測ろう

ここまでは、ヘルスケアサービス「ikky」を開発する「チームいきいき」がサービスを成長させるための目標を設定し、その目標を達成するために試行錯誤する姿を追いかけてきました。目標達成のためにはエンジニアリングチームがパフォーマンスを発揮することも大切です。チームが大切にしたい開発生産性の指標についていくつか紹介し、またそれらの指標とどのように向き合っていくのがよいか解説していきます。

開発生産性を上げる
取り組みもやりたいな

いいね！　どんな感じで
取り組むといいんだろう？
勉強会で知ったん
ですけど……

なになに
何の話ー？
私も知りたいー！

ぜひぜひ！
イシバシくんが
提案するの
いいな

生産性か　バンバン機能
作ろうってこと？
？

いや　それも
大事ですけど……

おや　開発生産性
ですか

はい　チームで
取り組みたくて！

いいですね！
みんなで話して
みましょう

STEP 6-1

物的生産性と付加価値生産性

生産性とは、投入した資源に対して得られた産出物の割合を指します。生産性には大きく分けて2つの種類があり、同じ労働量でどれだけ多くの生産物を作り出したかに着目するのが物的生産性、同じ労働力でどれだけ多くの付加価値を作り出したかに着目するのが付加価値生産性です（※6-1）。

物的生産性は自分たちの行動でコントロールできるものです。物的生産性向上を目標として設定した場合、達成可否は自分たちの努力次第で決まってきます。

【物的生産性に着目した目標の例】

- 機能リリース数
- ソースコード行数

付加価値生産性はその名の通り付加価値に着目したものです。

【付加価値生産性に着目した目標の例】

- 経常利益（売上高ー販管費）
- MAU（Monthly Active User）
- メディア掲載数

MAUは継続的に利用されていることを示す指標であり、サブスクリプションの利用料金、広告収入と連動しています。メディア掲載については、通常メディアに掲載するためには費用を払って掲載してもらうことになりますが、ニュースリリースなどを通してメディア側の判断で掲載してもらう場合はその費用がかからないということで実質的な価値を生んでいます。そのため、付加価値生産性に着目した目標として設定することができます。

それでは、開発チームはどちらの生産性に着目するとよいのでしょうか。本書はアジャイルチームを前提においています。アジャイルが目指しているのは成果を生み出すこと、付加価値を生み出すことですので、付加価値生産性に着目していくことになります 6-2 。

まだゴールへの道筋が見えていない段階においては、可能な限りの打ち手を講じる

※6-1　公益財団法人 日本生産性本部 https://www.jpc-net.jp/movement/productivity.html 6-1 を参照

ためにアウトプット目標を設定することが有効な場合もあります。しかし、大前提としては付加価値を生み出すことに着目するべきであること、道筋が見えてきたらアウトカム目標へと転換していくことは頭の中に入れておきましょう。

一方で、開発において重要な要素の中には、付加価値との直接的な関わりを見出すことが難しいものもあります。アジリティ高く開発を行いデプロイできること、インシデントが発生した場合に早期復旧できることなどは巡り巡って付加価値創出に寄与するところですが、「売上」「MAU」「顧客引き合い」などに着目しているとなかなか優先順位が上がりづらい指標です。

そのため、付加価値生産性に対して直接的に寄与する指標だけでなく、上記のような間接的な指標も考慮に入れておくことが大切です。

DevOps指標 Four Keys

Google の DevOps Research and Assesment（DORA）チームはソフトウェア開発チームのパフォーマンスを示す 4 つの指標、いわゆる Four Keys を確立しました 6-3 。

- **デプロイの頻度：組織による正常な本番環境へのリリースの頻度**
- **変更のリードタイム：コミットから本番環境稼働までの所要時間**
- **変更障害率：デプロイが原因で本番環境で障害が発生する割合（%）**
- **サービス復元時間：組織が本番環境での障害から回復するのにかかる時間**

デプロイの頻度が高い、変更のリードタイムが短いということは、フィードバックに対して迅速に反応し即座にプロダクトに反映できるということです。アジリティ高く顧客の要望に応えるために大切な指標です。

一方で、いくら高い頻度でデプロイができていても、そのたびに問題が発生していては本末転倒です。そのために変更障害率のウォッチが必要です。

また、万が一障害が発生してしまった場合にはできるだけ早期に復旧することが望ましく、サービス復元時間が信頼性の高いサービスを提供できる能力を示します。

このように、Four Keysは複数の観点での指標を組み合わせることで健全に開発生産性を測定することができる、優れた指標となっています。

なお、Four Keysと関連するものとしてDevOpsの能力（ケイパビリティ）があります。指標であるFour Keysだけでなく、これらケイパビリティが備わっているかについても確認しておきましょう（※6-2）。

表6-1 DevOpsの能力

総称	能力
技術に関する能力	クラウドインフラストラクチャ
	コードの保守性
	継続的デリバリー
	継続的インテグレーション
	継続的なテスト
	データベースのチェンジマネジメント
	デプロイの自動化
	チームのツール選択をサポート
	疎結合アーキテクチャ
	モニタリングとオブザーバビリティセキュリティのシフトレフト
	テストデータ管理
	トランクベース開発
	バージョン管理
プロセスに関する能力	お客様のフィードバック
	システムをモニタリングして的確な判断
	障害の予兆通知
	変更承認の効率化
	チームのテスト
	バリューストリームでの作業の可視性
	ビジュアル管理機能
	仕掛り制限
	小さいバッチ単位の作業

（続く）

※**6-2** https://cloud.google.com/architecture/devops?hl=ja 6-4 参照。本書記載のものは、2024年3月時点の最新版です。今も更新されているため、最新版はwebをご確認ください

（続き）

総称	能力
文化に関する能力	創造的な組織文化 創造的な組織文化 仕事の満足度 学習文化 変革型リーダーシップ

バランスよく生産性を捉えるための SPACEフレームワーク

Lean と DevOps の科学の著者の一人でもある Nicole Forsgren 氏が著者に名を連ねる論文の中で提唱されているのが SPACE フレームワークです（※ 6-3）。開発生産性を計測しようとしたときに、ひとつの指標に着目してしまうと「目標ハック」のような事象が起こり得ます。SPACE ではそういった課題に対処するためにバランスよく指標を選定することを提唱しています。

表 6-2 SPACE フレームワーク

カテゴリー	概要
Satisfaction and well-being	・開発者が自分の仕事、チーム、ツール、文化にどれだけ充実感を感じているか
Performance	・システムやプロセスの成果 ・品質：信頼性、バグのなさ、継続的なサービスの健全性 ・影響：顧客満足度、顧客導入と維持、機能利用、コスト削減
Activity	・業務遂行の過程で完了したアクションやアウトプットの数 ・設計とコーディング：設計文書や仕様書、作業項目、プルリクエスト、コミット、コードレビューの量や数 ・継続的インテグレーションとデプロイメント：ビルド、テスト、デプロイメント／リリース、インフラの利用回数 ・運用活動：インシデント／問題の数または量、およびその重大度、オンコールへの参加、およびインシデントの軽減に基づく分布

（続く）

※ 6-3 https://queue.acm.org/detail.cfm?id=3454124 6-5

（続き）

カテゴリー	概要
Communication and collaboration	・どのようにコミュニケーションしどのように協働するか ・文書と専門知識の発見可能性 ・インテグレーションの速さ ・チームメンバーが貢献した仕事のレビューの質 ・誰が誰とどのようにつながっているかを示すネットワーク指標 ・新メンバーのオンボーディング時間と経験
Efficiency and flow	・中断や遅延を最小限に抑えて仕事を完了させたり、進捗させたりする能力 ・プロセス内のハンドオフ数、プロセス内の異なるチーム間のハンドオフ数 ・フロー状態を作り出す能力 ・中断の数、タイミング ・時間：合計時間、価値を創出している時間、待ち時間

SPACEの中には物的生産性も付加価値生産性も含まれています。また、ウェルビーイング（心身、社会的な健康）の実現、フロー状態（時を忘れるほど没頭する状態）に入るための場づくりなど、定量的な計測が難しいものも扱っています。そしてFour Keysとは異なり、計測するべき指標が明確に定義されてはいません。あくまでフレームワークという位置づけです。

また、SPACEを紹介する論文中では、少なくともひとつの評価指標に調査データなどの知覚的尺度を含めることを推奨しています。Satisfaction and well-beingなど知覚的尺度がマッチする項目に適用するとよいでしょう。

SPACEを活用する場合、5つすべてを含める必要はありません。あまりに多すぎる指標の設定はチームの機動力を損なってしまいます。自分のチームにフィットする項目を模索してみるのがよいでしょう。

バリューストリームマッピングで開発生産性向上のヒントを得る

バリューストリームマッピング（以下、VSM）は製品やサービスの価値を生み出す過程（バリューストリーム）を可視化する手法です。もともと製造業やサービス業で用いられていましたが、近年ではソフトウェア開発の現場でも広く活用されるようになってきています。自分たちのプロセスがどのような状態になっているかを知ることで、どのように改善していけばよいかヒントを得ることができます。そのため、開発生産性を向上させるための強い味方になってくれます。

VSMは以下の手順で実施します。

1. 対象を決定する
2. 対象となる開発サイクルの概要を確認する
3. 全員でプロセスを書く
4. 手戻り率を書く
5. プロセスをグルーピングする
6. ムダにマークをつける
7. 改善案を検討する

図 6-1　チームいきいきの VSM

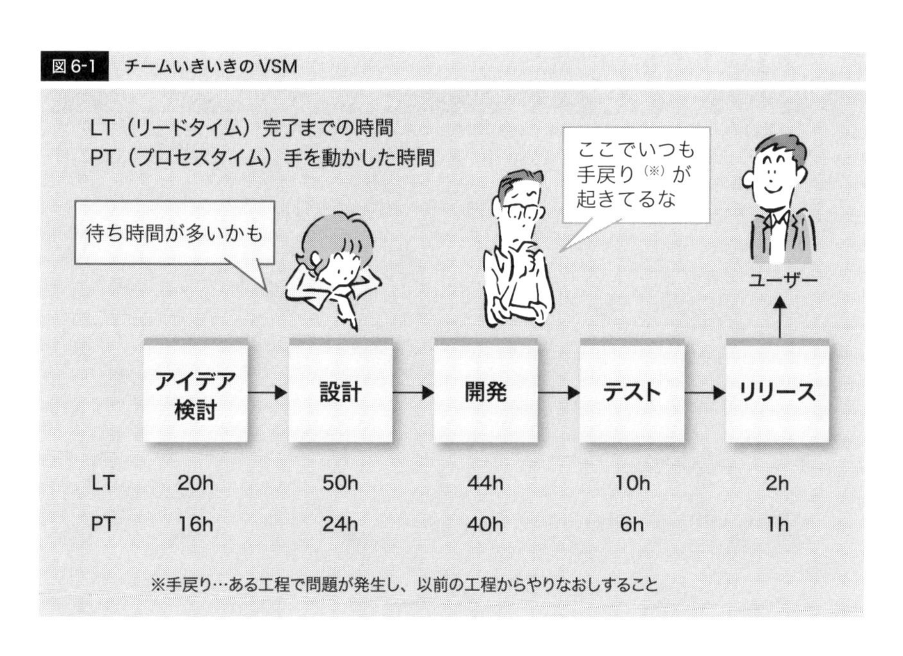

表 6-3　チームいきいきでの VSM の手順

手順	詳細
1	ikky に対して改修を加える際の開始時点からリリース時点までを対象とする ・Android ／ iPhone の ikky アプリ ・バックエンド ・BFF ・フロントエンド ・リグレッションテスト環境 など
2	プロセスのステージをざっくりと分類する ・アイデア検討 ・設計 ・開発 ・テスト ・リリース

（続く）

（続き）

手順	詳細
3	プロセスの終端側から遡るようにしてプロセスを書いていく（ゴールから逆算することでゴールに関係するプロセスにフォーカスする／抜け漏れをなくすため）。この作業を通して特定のメンバーしか認知していないタスクなどが明らかになっていく **[チームで特定のメンバーしか知らなかったタスクの一例]** ・仮説立案時に企画部門のレビューを受けていること ・定期的にリグレッションテスト用の本番リクエストログを手動で収集していること ・API に変更が入る場合はデプロイを手動で行っていること
4	プロセスの中で手戻りが発生している箇所があれば手戻り率を記載していく ・フロントエンドの開発はリグレッション後 50% の確率で作り直している
5	手順 2 の分類で VSM をグルーピング。グループごとのリードタイム（LT）、プロセスタイム（PT）を合計する ・アイデア検討 LT：PT 20h.：16h. ・設計 LT：PT 50h.：24h. ・開発 LT：PT 44h.：40h. ・テスト LT：PT 10h.：6h. ・リリース LT：PT 2h.：1h.
6	プロセス中にあるムダに印をつけていく ・50% の確率で手戻りしているフロントエンド開発 ・開発での待ち時間 ・リグレッションテストでの待ち時間 ・デプロイ時の待ち時間
7	改善案を検討する ・フロントエンドの単体テストを整備し、リグレッションでようやくバグに気づく状況を改善する ・開発時の待ち時間になっているビルド時間を短縮させる ・リグレッションテストを軽量化する ・デプロイの手動プロセスを自動化する

VSM はムダを可視化し、改善案を検討するきっかけを与えてくれます。上記の例では開発チームにフォーカスして解説しましたが、上長の承認待ちなど組織の中で発生しているプロセスについても改善対象とすることができます。また、VSM を作成する過程で個人の中に埋もれていた暗黙知が共有され、チーム全体の実践知になっていきます。

このように、実施することで大きなメリットを得られる VSM ですが、実施するまでにはいくつかのハードルがあります。まず、開発プロセス全体を点検していくことになるので、作成にそれなりの時間がかかります。だいたい 2 ～ 4 時間程度はみておきましょう。

また、特定のメンバーしか知らない情報を引き出すことも目的のひとつなので、全員が一同に会して実施することが重要です。

マネージャーや責任者など多忙な人物は「そんなに時間はとれない、時間がない」と参加に対して消極的になりがちですが、**そういう忙しい人ほどその人しか持っていない情報を持っている**ものなので、なんとか参加してもらえるように説得したいものです。

VSM を実施することで得られるメリットに共感できればなんとか調整してくれるはずです。「調整してでも参加したいな」と思ってもらうために、他のチームでうまくいった事例、他社でうまくいっている事例などを共有し参加してもらいたい人のモチベーションを醸成していきましょう。

STEP 6-2

目標と開発生産性

グッドハートの法則

「測定が目標になると、その測定は適切な目標でなくなる」とするグッドハートの法則と呼ばれるものがあります。STEP2で目標ハックとして紹介した通り、ある数値への到達を目標としてしまうと、なぜその数値を目指したかったのかという本質的な問いが欠落し、数値達成自体が目的化してしまいます。

このグッドハートの法則には「キャンベルの法則」「コブラ効果」など類似の法則が存在しています。それくらい、数値を目的化してしまうことで本来の目的が歪む、ということは発生しやすいのでしょう。

デプロイ頻度で考えてみましょう。1日に何度もデプロイするようなチームこそDevOpsエリートチームであると捉え、1日1回以上のデプロイ頻度を目標に設定したとします。開発するユーザーストーリーを小さく分割し、細かくデプロイできるようにする。ここまでは健全です。しかし、デプロイ頻度を高めるために意味をなさない単位で細分化しリリースするようになってしまったらどうでしょう。チームはタスクを細かくすることに時間を割くようになってしまうかもしれません。単一の指標を追いかけてしまうことは、こういった副作用をもたらすリスクを招きます。

私たちは常に「測りすぎ」と隣り合わせ

開発生産性についての目標をOKRで設定する際に気をつけるべき点について解説します。

OKRは強力なツールです。チームに集中とコミットメントを生み出します。怖気づいてしまうような高い目標をあえて掲げ、そこを目指して全力を出すことでチームの潜在能力を開放し、成長させながら、目標の達成を通してよりよい未来を作り上げることを実現していきます。常にKey Resultsと向き合うことで自分たちの行動を検査し、そこから学び、適応していくことになります。

ですが、過度な数値へのこだわりは弊害を招くことも事実です。さきほど紹介したグッドハートの法則のように、数値達成自体の目的化により本当に目指したいものが歪められるリスクがあります。開発を進める中で新たな学びを得て、OKR を変更しようとなったとき、数値達成へのこだわりが強いと「まだ達成していないのに目標を変更するなんてできない！」と柔軟性を欠いた判断につながる恐れがあります（もちろん、こだわり抜くべき目標だってあるので、だからこそ難しいのです）。

OKR では、なりたい姿を描く目標（Objectives）と、そうなっていることを示す成果指標（Key Results）が対になっています。この構造がグッドハートの法則を乗り越える役割を果たしてくれます。

究極的には、本当に目指したい Objectives に集中し、その達成に向けて全力を出していくという姿があります。その Objectives に到達したとき、結果としてどのような変化が生まれているだろうか？　という問いへの答えとして、Key Results を設定していく、という寸法です。

たとえば「プロダクトマネージャーの思考の速度で仮説検証できる強いチームになる」という Objective をもったときに、そんなチームだったら結果的に年間 100 回はデプロイしてるだろうね、という仮説を立てて Key Result を「年間 100 回のデプロイ」に設定したとします。

年間 100 回のデプロイを目指すという目標の立て方と、高速に仮説検証をまわせるチームを目指し、そのチームなら年間 100 回くらいはデプロイしてるよね、と目安として数値を立てるやり方。同じ数字を設定していてもそのスタンスは異なります。難しいことに、チームの外側からはこの数値が持つ意味に違いはないように見えます。だからこそチームで対話し、自分たちがありたい姿を徹底的に話し合い、**その姿を示す指標ってなんだろうね、ということを形にしていく**ことが大切なのです。

目標と開発生産性を結びつける

開発生産性は、売上、利用率といったビジネス指標とは直接関連しない指標です。では、この開発生産性はどのようにして目標と関連付けるとよいのでしょうか。大まかに 2 つのアプローチが考えられます。

1. 開発生産性の向上自体を独立した目標として設定する
2. 既存の目標に関連する成果指標として設定する

開発生産性の向上自体を独立した目標として設定する

開発生産性が向上した状態を Objective として設定します。

前述した「プロダクトマネージャーの思考の速度で仮説検証できる強いチームになる」の例のように、自分たちの開発チームがどうなっていたいかを考え設定します。対応する Key Results は Four Keys や SPACE をもとに設定してもよいでしょう。たとえば「年間 100 回のデプロイ」は Four Keys のデプロイの頻度、SPACE の Activity に該当する指標です。

開発生産性の向上自体を独立した目標として設定することで、チームとしては目標達成に向けて行動しやすくなります。一方で、なぜビジネス指標と直接関係しない開発生産性を目標として設定するのかについては、ステークホルダーにしっかり説明し、理解してもらう必要があります。

ステークホルダーの理解を得るためには様々な方法があります。たとえば DORA のレポートを共有する、組織内で開発生産性向上が付加価値生産性向上に寄与した例があるならばそれを共有する、といったアプローチが考えられます。ステークホルダーの関心事、価値観に合わせて働きかけていきましょう。

既存の目標に関連する成果指標として設定する

すでに存在する Objectives に対し、Key Results として追加します。

たとえば「高品質なプロダクトを誰よりも早く顧客に届ける」といった Objective が設定されているのであれば、デプロイの頻度、変更のリードタイム、変更障害率、サービス復元時間の Four Keys を Key Results として設定するとよいでしょう。すでに存在している（ステークホルダーから承認されている）Objectives への追加となるため、比較的理解を得やすいアプローチです。

一方で、必ずしも開発生産性の指標を紐づけやすいObjectivesばかりではありません。たとえば「ikkyユーザーの運動・スポーツ実施率が70%以上になっている」という目標に対し、直接的に開発生産性指標をKRに設定することは難しいでしょう。

どちらのアプローチが適切かはチームが置かれている状況によりますが、基本的には独立した目標として設定していくのがよいでしょう。その際に重要なポイントとなるステークホルダーへの説明、ステークホルダー・マネジメントについては次のSTEPで解説していきます。

References

6-1『公益財団法人 日本生産性本部』(https://www.jpc-net.jp/movement/productivity.html)

6-2『ベロシティの活用方法を教えてください』(https://www.ryuzee.com/faq/0096/)

6-3『エリートDevOpsチームであることをFour Keysプロジェクトで確認する』(https://cloud.google.com/blog/ja/products/gcp/using-the-four-keys-to-measure-your-devops-performance)

6-4『DevOpsの能力』(https://cloud.google.com/architecture/devops?hl=ja%E3%80%906-4)

6-5『The SPACE of Developer Productivity』(https://queue.acm.org/detail.cfm?id=3454124)

スクラムチームにおける評価のあり方

川口 恭伸
Yasunobu Kawaguchi
アギレルゴコンサルティング株式会社
シニアアジャイルコーチ

スクラムチームでの評価方法は、多くのチームが抱える悩みのひとつです。この問題に取り組むには、日本の評価制度の背景にある暗黙の前提を理解する必要があります。

バブル崩壊後、多くの日本企業で成果主義による人事考課が広まりました。当時、企業は過去資産の不良化に悩み、経営のスリム化を推進していました。そのため、効率的に社員へのインセンティブを提供する手段として、成果主義が導入されたと考えられます。

一方、ボブ・サットン教授は、現代企業に広がる金銭的インセンティブを上手に構成しようという方向に警鐘を鳴らしています。行動経済学のプロスペクト理論によると、人は利得より損失のほうを数倍大きく感じます。成果主義の下で原資が一定の場合、優秀な社員への昇給額は、業績が伸びない社員の実質的な減給で補填する必要があります。その結果、従業員全体では、昇給によるプラス効果より、実質減給によるモチベーション低下のマイナス効果のほうが大きくなります。

では、どのようにして人々の成果を引き出せる評価制度を作ればよいのでしょうか？　評価の目的は、モチベーションを上げ、フェアで明るい雰囲気の中で成果を出すことです。テレサ・アマビール教授の進捗の理論によると、進歩を実感できる環境が内発的動機づけを高めます。また、ジェフ・パットン氏は成果をアウトプット、アウトカム、インパクトに分け、アウトプットにかかる手数を少なく、より多くのアウトカムとインパクトを出せるほうが望ましいと述べています。

以上を踏まえ、スクラムチームでは以下のような評価方法が効果的だと考えられます。

1. チームの進捗を可視化し、メンバー全員で共有する
2. 個人の強みを活かせる役割分担を行い、得意分野での貢献を評価する
3. アウトプットだけでなく、アウトカムやインパクトを重視した評価基準を設ける
4. メンバー間の協力やコミュニケーションも評価の対象とする
5. 定期的なフィードバックを通じて、メンバーの成長を支援する

このようなアプローチにより、スクラムチームではメンバーのモチベーションを高め、効率的かつ効果的な成果を生み出すことができるでしょう。

STEP 7

チームの外と向き合おう

チームが立てた目標を追いかけるのはチーム自身ですが、その目標が達成されることにより起こる変化はチームの外で発生します。顧客の行動変容など、起こしたい変化を目標で表現するための方法について見ていきます。
また、目標を追いかける上で大切なステークホルダーとの関係性についてもこのSTEPで扱っていきます。

最近チームの
調子いいなぁ
グングン成果
でてるね！

ふむふむ
確かに KR の達成率
いいですね

O のほうは
どうでしょう？

でしょー！
タッセイ！

そりゃー KR 達成
してるんだから……

実は気になってる
ことがあって……

どうしたの？

KR を見直しても
いいかなって……
えーっ!!

ふむふむ
詳しく聞かせて
ください

STEP 7-1

アウトプット指標とアウトカム指標

自分たちの作業、活動の量や質に関連して立てる指標がアウトプット指標です。個人やチームが直接コントロールできる要素に焦点を当てています。

私たちの事業、プロダクトによって生まれた変化、効果に焦点を当てた指標がアウトカム指標です。アウトカム指標は自分たちではなく、受益者側に起こった変化、得られた効果を示すので、直接コントロールが難しいものです。

表 7-1　指標の種類と例

指標の種類	例
アウトプット指標	消費カロリー増加推進コンテンツを毎週リリースする 1 週間に 5 件の新規顧客と会う デイリーでリリースを行う
アウトカム指標	顧客の消費カロリーが平均 20% 増加する 運動する習慣をもつユーザー数が倍になっている

チームいきいきの OKR でいうと、「フィットネス動画視聴率が 80% になっている」はアウトカム指標（顧客の行動変容)、「レポート配信頻度が週 1 以上になっている」はアウトプット指標（チームがコントロールできる作業）となっていました。

- **Objectives：ikky ユーザーの運動・スポーツ実施率が 70% 以上になっている**
- **Key Results：フィットネス動画視聴率が 80% になっている**
  レポート配信頻度が週 1 以上になっている

ikky に限らず、世の中に存在するプロダクト・サービスには実現したい顧客の行動変容や生み出したいビジネス価値といったアウトカムが指標として存在しています。そのため、目標達成を示す指標に関してもアウトカムにフォーカスしたものを設定することが望ましいでしょう。

一方で、アウトプット指標を設定することが望ましい状況も存在しています。最終的に生み出したいアウトカムを達成するためのアプローチが見えていない場合、自分たちが手元に持っている手段でできるだけの打ち手を講じていき、あらゆる可能性を検証するアプローチが考えられます（**解空間内を探索する**）。

また、平行してどういう状態になったらアウトカム指標を達成したと言えるのかを明確化するための取り組み自体を Key Result として設定することも有効です。たとえばシェアNo.1を獲得したいというObjectiveを掲げている場合、他社の類似プロダクトと比較してシェア獲得のための注力ポイントを明らかにする、Datadogなどメトリクス計測ツールをもとに現状分析する、といった作業自体をKey Resultsにすることが考えられます（**解空間を狭める**）。

ikkyに対しては、たとえば「レポート配信頻度が週1以上になっている」という打ち手を講じつつ、「動画視聴までの導線における離脱率を計測する環境をつくる」というKRを新たに設定しておくことで今後の注力ポイントを探索することができるでしょう。

- Objectives：ikkyユーザーの運動・スポーツ実施率が70%以上になっている
- Key Results：フィットネス動画視聴率が80%になっている
  レポート配信頻度が週1以上になっている
  動画視聴までの導線における離脱率を計測する環境をつくる

Q&A シェア獲得はアウトカムなの？

シェア獲得、会社にとっては大切なことだけど、顧客目線のものじゃないからアウトカムって言えるのかな……

シェアを獲得する、デファクトスタンダードを目指す、など会社目線の目標を掲げているときは、それが顧客にとってどういう意味を持つのか考えてみるのが大切ですね

ikkyを使った人は行動変容してくれる、だからシェアが拡大することは顧客の行動変容につながる。こういう風に考えてるから、僕はアウトカムとして捉えてるよ

その考え方だとしっくりきますね

図7-1　アウトプット指標を設定しアウトカム到達までの道筋をつける

解空間内を探索する

・あらゆる可能性を検証するセットベースアプローチ
・いきなり正解を狙うのではなく正解に近づける方法を探索する

解空間を狭める

・類似するプロダクトとの比較などObjectivesに対する相対的な立ち位置を明らかにするメトリクスを定める
・計測結果から注力するポイントを探る

また、アウトプット指標をKey Resultsとして設定するメリットは他にもあります。STEP3で触れたように、クイックウィンを設定することで自己効力感が生まれ、チームはモチベーションを高めながら高い目標に向かっていくことができます。「達成しやすいベンチマークを設定したほうが成功の確率が上がる」という研究結果も報告されています 7-1 。

たとえば、カモメさんが「テストコードの整備を習慣化する」という目標を立てたとします。この抽象度だと、どのように習慣化すればよいかわからず結局行動しない、ということになってしまいがちです。

しかし、「実装時にテストコードを書く」と掲げることで、テストコードの整備を実際に行うタイミングが明確になり、多少行動しやすくなります。

そして、「実装時にテストコードを書き、テストを通してからコミットする」という行動は「テストコードの整備を習慣化する」につながる指標となるもので、自分の意思で実行可能なものです。ここまでブレイクダウンすればずいぶんと達成しやすくなりますし、仮に達成できなかった場合でも何が目標達成の阻害要因となっているかが点検しやすく、改善に向けた計画を立てやすくなります。

表7-2 カモメさんがテストコードを書けなかった理由を探る

やりたいこと	やったこと	ギャップ	原因	どうやったらギャップを埋められるか
実装時にテストコードを書き、テストを通してからコミットする	テストコードは書かず目視で動作確認してコミット	テストコードを書かなかった	テストを書くのに慣れていない。動かして目視で確認したほうが手っ取り早いと思った	テストの書き方についてイシバシさんに教えてもらう。テストを通さないとコミットできないようにする

アウトプット指標をKey Resultsとして設定する際には気をつけておきたいこともあります。アウトプット指標はコントロール可能であり、計測可能であるという大きなメリットがあります。しかし、適切に見直す機会を設けておかないと、計測しやすいけれども意味のない指標を追いかけ続けることにもなりかねません。

顧客のニーズではなく自分たちの都合を優先し不要な機能をリリースする行為を「ビルドトラップ」と呼びます 7-2 。Key Resultsを設定する際に「新機能リリースn件」などアウトプットの総数を設定すると、このビルドトップに陥りやすいため注意が必要です。一方で、わかりやすい数値を成果指標として設定していたほうがステークホルダーにとっても理解しやすいのも事実です。そのため、ビルドトラップに陥らず前進するためにはステークホルダーとの良好な協働関係が必要となってきます。この点についてはのちほど解説していきます。

前述のように、アウトプット指標が全面的によくないわけではありません。アウトプット指標が有効となるポイントを見極め、用法用量を守って正しく使っていきましょう。**難しいですね、目標設定って。**

アウトプット指標で得た学びから アウトカム指標を設定する

自分たちがとれる打ち手を試しながら、アウトカム達成の状況を明確にするための探索を行っていきます。その中でアウトカム指標につながるKRとして適切なものが見つかっていきます。

図 7-2　探索でわかったことと自分たちができることをつなぎ合わせ、新たなKRを設定する

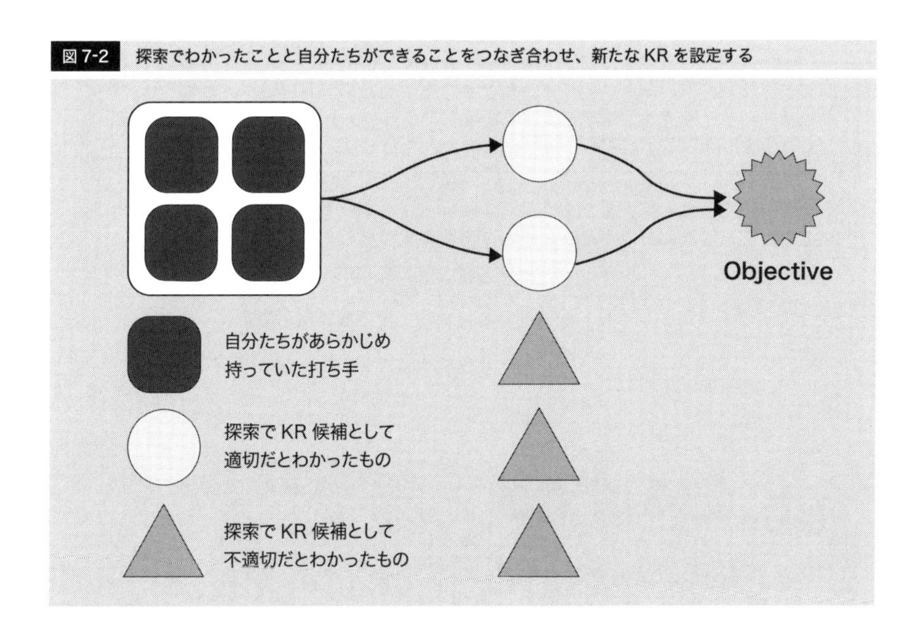

動画視聴までの導線における離脱率を計測する環境をつくる、なんとかできましたね！

はい。もともと、イシバシさんが前もってログを仕込んでおいてくださったので、案外すんなり実装することができました

へへへ。ダッシュボードも作っておいたんで、ワタルさんいつでも確認できますよ！

ありがとうございます！　へぇー、意外とここで離脱してるのか……

レポート配信頻度のほうだけど。前、イシバシくんが「お客さんのクレームにつながるから考え直したほうがいい」っていってたじゃない？　それで、プッシュ配信じゃなく、アプリアイコンにバッジを出す形でやってみたら、クレームは増えずに利用率だけ増えてくれたよ！

いい落とし所が見つかったんですね。よかった

おおー、イシバシくんとサトリさんが作ったダッシュボードいいね。どれどれ……あれ、意外と動画を選択する画面で離脱する人が多い？
てっきりもっと手前で離脱してると思ってたんだけど

へぇ～！　そうなんだ。そういえば、レポート配信で動画の利用率が上がるときと上がらないときがあったよね。何が違うんだろう？

そう来ると思って、レポート配信周りもログ仕込んでおいたんですよ

用意周到ですね！

どれどれ……なるほど、特定の動画へのリンクがある場合は利用率が上がっていて、動画選択画面に遷移する場合は利用率が変わらない。なんで？

うーん、選択肢の多さはikkyの売りなんだけどな

……選択のパラドックスですね

なんですかそれ

選択肢が多すぎると、何を基準に選択していいかが難しくなってしまう事象です。適切な選択肢の量であれば満足感につながるのですが、もしかするとユーザーにとっては選択肢が多すぎるのかもしれません

あー確かに！　私もikky使うときに動画多すぎて、何を見ていいかわからなくなるもん

うーん、豊富なコンテンツが仇になるとは

ユーザーごとにどんな動画を見ているのかもログで確認できますが

見せて見せて！　……けっこうバラバラだね。でも、ヘビーユーザーの人はけっこう同じ動画を何回も見てる

はい。ここで離脱せずにどれかの動画を選択した人は、かなり高い確率で動画コンテンツを再利用しています

なるほど、わかったぞ……じゃあ、動画選択画面での離脱率を下げる、ということを新しくKRに設定しよう！

- Objectives：ikkyユーザーの運動・スポーツ実施率が70％以上になっている
- Key Results：フィットネス動画視聴率が80％になっている

  動画選択画面での離脱率が現状の70％から10％まで下がっている

  レポート配信頻度が週1以上になっている

  動画視聴までの導線における離脱率を計測する環境をつくる

アウトカム指標は、アウトプット指標と比べて直接コントロールが難しいものです。こうすればアウトカムにつながるだろうという仮説を立て、その仮説を検証し、評価し、そこから得た学びから検証計画を立てていくことになります。

基本的にはSTEP3で触れた開発サイクルのあり方を実践していくことになりますが、自分たちが手を動かしただけで達成に近づけたアウトプット指標と異なり空振りとなる確率も上がっていきます。そのため、アウトカム指標を持つ場合はアウトプット指標を追いかけているときよりもさらにモチベーション管理に気を使う必要があります。

図7-3　仮説検証サイクル

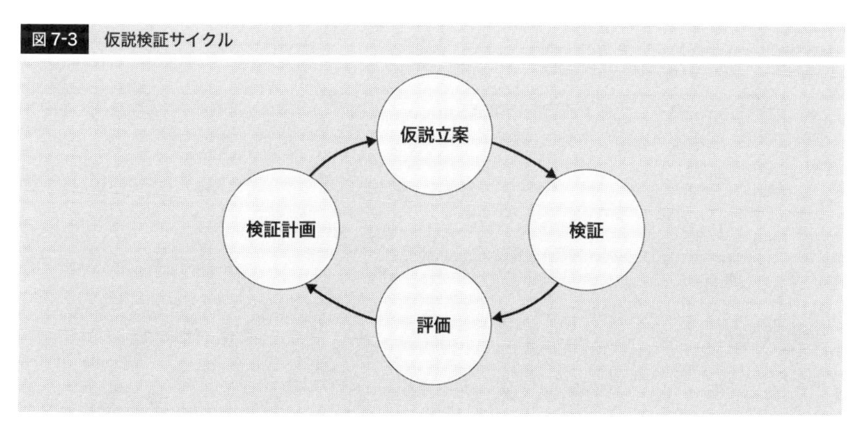

モチベーションの源泉
～何がチームをワクワクさせ、シナシナさせるか

人間を動かす原動力であるモチベーションについては、古今東西様々な研究が行われ理論化されています。それぞれの理論でモチベーションを喚起するもの(ワクワク)、逆にモチベーションを損ねてしまうもの（シナシナ）の正体がなんなのかを探求しています。

なお、モチベーション理論には大きく分けて内容理論と過程理論があります。

内容理論は、人間のモチベーションがどのような要因によって生じるかを説明するものです。代表的な内容理論を以下の表で示します。

表7-3 代表的な内容理論

名称	概要	ワクワク	シナシナ
マズローの欲求段階説	人間の欲求には段階があり、段階ごとに求めるものは異なるという理論	その段階の欲求を満たすもの	その段階の欲求を損ねるもの
アルダファーのERG理論	Existence（生存)、Relatedness（関係)、Growth（成長）の欲求があるという理論。マズローの欲求段階説と異なり段階は可逆	それぞれの欲求を満たすもの	それぞれの欲求を損ねるもの
アージリスの未成熟＝成熟理論	自己実現の要求に着目して理論が展開されている。個人の人格は未成熟から成熟へ向かおうとする欲求によって変化するとしている	組織構成要因の自己実現欲求を満たす。 手段：ジョブエンラージメント（仕事の範囲を拡大させること）	管理原則に基づく行動
マクレガーのX理論・Y理論	性悪説的なX理論と性善説的なY理論。Y理論では「条件次第で自ら責任をとろうとする」という人間観を持つ	魅力ある目標と責任機会が与えられている	命令や強制で管理
ハーズバーグの二要因論	不満をもたらす要因（衛生要因）と満足をもたらす要因（動機づけ要因）	動機づけ要因の充足（仕事、達成、成長、承認、責任)。 手段：ジョブエンリッチメント（仕事の責任や権限を拡大させること）	衛生要因の不足（賃金、労働条件、福利厚生、人間関係など）

過程理論は、モチベーションが生じる過程、そしてどのように行動に結びつくかを説明するものです。代表的な過程理論を以下の表で示します。

表 7-4　代表的な過程理論

名称	概要	ワクワク	シナシナ
強化説	適切な報酬を与えることでその行動は頻出化する。報酬は何度かに分けて与えるほど効果が高い（外発的動機付け要因を対象としている）	報酬を与える	報酬を与えない 罰を与える
公平説	個人の動機づけを主観的な公平感や不公平感に焦点を当て説明しようとする理論。インプット／アウトプット比率が比較相手と等しければ公平だと感じる	公平に扱われているという実感	不公平に扱われているという実感
ブルームの期待理論	動機づけ＝期待 × 誘意性（魅力） 期待：努力が特定の報酬をもたらす主観的確率 ※誘意性：報酬の主観的魅力	自分にとって魅力的な報酬が高い確率で得られそう	報酬が魅力的ではない 報酬が得られる確率が低い
目標設定理論	目標が動機づけの重要な源になるという理論 1. 難しい目標であること 2. その目標を受け入れている（納得している）こと	チャレンジングで達成しがいのある目標がある	目標が平易 目標に納得していない

様々な理論からは、目標設定、そして目標へと向かう道のりで何が私たちをワクワクさせ、シナシナさせるのかが浮かびあがってきます。

【ワクワクの源】

- （金銭に限らず）適切な報酬が得られる
- 仕事が楽しい、自律性を発揮できる
- 社内外にインパクトを与えられる
- 適度にチャレンジング
- 認められている実感がある

【シナシナの源】

- 報酬が得られない、フィードバックがない
- やらされ仕事
- アウトカム不明（外部から目標が押し付けられる状況）
- 平易すぎる、またはチャレンジングすぎる
- 不当に扱われていると感じる

なんのためにそれをやるのか、それをやることでどのような価値が生まれるのか、自分にとってどのような意味をもつのかが、ワクワクするのかシナシナするのかの境目になっています。いまひとつワクワクしないな……というときはモチベーションの源泉がどうなっているのか点検してみるとよいでしょう。

 ラーニングゾーンを目指そう

目標設定理論では、目標が動機づけの重要な源になるということを主張しています。また、その目標は適度にチャレンジングなものが好ましいとされています。この「適度にチャレンジング」というレベル感は、今の自分では到達できないけれども成長することで達成できるようになるという類のもので、そういった成長を促す領域を「ラーニングゾーン」といいます。現時点で問題なく遂行できるタスクが属する領域は「コンフォートゾーン」、全く太刀打ちできない領域を「パニックゾーン」といいます。

図 7-4 ラーニングゾーンにいられるような目標が成長を促す

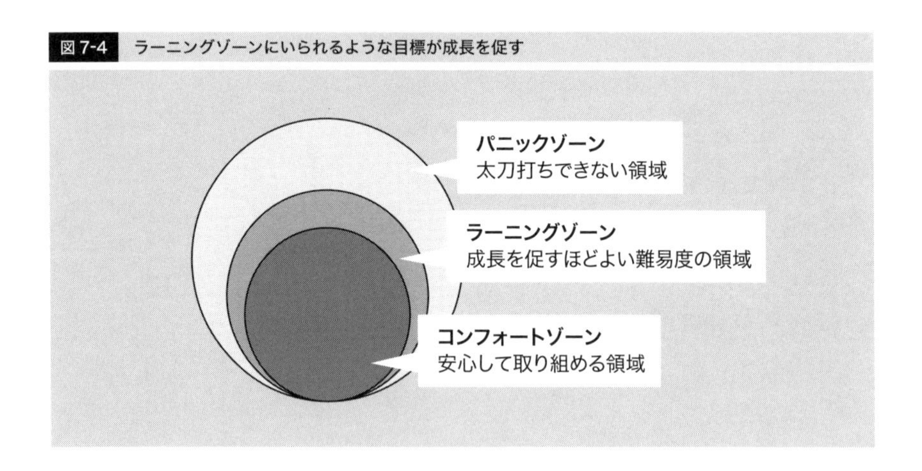

高すぎず低すぎず、ラーニングゾーンにいられるような目標を設定することで目標達成へと向かう中で成長することができます。しかし、この「高すぎず低すぎず」というのがなかなか難しく、いざ着手してみたら案外簡単だった、全く手の施しようがないほど難しかった、ということが起こり得ます。ラーニングゾーンの範囲は意外と

狭いのです。

ある程度ラーニングゾーンが見えてくるまで、小さなトライアンドエラーを繰り返しながら目標自体を更新し続けていくとよいでしょう。

焦るな、リズムを崩すな

さて、新しくアウトカム指標をKey Resultsとして設定したチームいきいき。彼らは果たして、このKey Resultsと向き合いながらモチベーションを保ち続け、ゴール達成に向けて前進することができるのでしょうか。おや、どうやらイシバシさんとサトリさんが一緒にお昼ごはんを食べながら雑談しているようです。

正直、今回新しく設定したKRに対しては不安を感じています……。本当に達成できるのか

確かに、手を動かせば着実に達成へと近づいたこれまでのKRとは異なり、達成するという確証はありませんからね。不安になるのもわかります。ところで、イシバシさんは、新しいKRは達成を目指したいと思えるものですか？

そう、それはそうなんです。データからわかった仮説で、そこを改善したらObjectivesにも効いてくるんだろうなーっていう確信めいたものはあるんです

それはよかったです。私も、とてもいいKRだと思います。達成できたらユーザーの行動が変わって、世界がいい方向に変わっていくんだと思うとワクワクしてきます

それはそうなんですよね……

今、一番不安なことはなんですか？

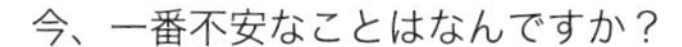

なんだろう……ちゃんと達成できるかな、達成するためのアイデアが出せるかな、っていうところかな。でも、カモメさんやタッセイさんが考えてくれるアイデアはいいものだと思ってるから、それをいち早く形にしていければ……なんだか大丈夫そうな気がしてきたな

ふむふむ、それはよかったです。もしよかったらなんですが、こういった不安を共有する場を、定期的に設けませんか。案外、アイデアを出す役割を担ってる二人はもっと不安に思ってるかもしれませんし

そうですね！　カモメさんはおいしいランチの店をたくさん知ってるし、そうしましょう！

目標を更新するなど変化があったときは、メンバーから不安の声が上がりがちです。ですが、イシバシさんとサトリさんの会話のように、**人と話している中で不安が解消していったりする**ものです。

高い目標を掲げそこに向かうとき、とにかく手を動かす時間を増やしたいという衝動に駆られます。朝会の時間を短くして、頻度を下げて、ふりかえりは忙しいからスキップして……。このようにしてリズムを壊してしまうと、チームがチームワークを発揮し学習しながら前進することが難しくなってしまいます。

いくらがむしゃらに手を動かしてもアウトカムを生み出せるという確証は得られません。**どうやったらアウトカムにたどり着くのか道のりがわからないのだからこそ、立ち止まる勇気をもって高頻度に検査と適応を繰り返しながら前進していくアプローチ**が必要です。

STEP 7-2

ステークホルダーと期待を揃える

チームが高い目標と向き合っているとき、ステークホルダーからの期待をマネジメントしておくことがいつも以上に大切になります。高い目標に対しては見かけ上の進捗が思わしくない状況になりやすいため、断片的な情報しか持っていないステークホルダーからすると本当に目標を達成できるのか、という不安を抱えることになります。このとき、ステークホルダーが不安から過度に介入してしまうと、ステークホルダーへの説明に時間がとられ本来開発にあてるべき時間が減ってしまったり、マイクロマネジメントにより自律性が奪われるといった弊害が起こり得ます。

そうならないためにも、日頃からステークホルダーマネジメントに取り組んでおきましょう。なお、本書では構成上、この位置でステークホルダーマネジメントについて解説していますが、実際にはチームを立ち上げる・目標を設定する段階からステークホルダーとのコミュニケーションをとることが好ましいです。

ステークホルダーマネジメントのプロセスは以下のようになっています。

- **ステークホルダーの特定**
- **ステークホルダーとの協力関係の形成**
- **期待マネジメント**
- **情報非対称性の低減**

 ステークホルダーの特定

自分のチームに関係するステークホルダーを明らかにしていきます。インセプションデッキでいうところの「「ご近所さん」を探せ」に該当します。下記のように、チームが影響を受ける人物・組織、そしてチームが影響を与える人物・組織がステークホルダー候補となります。

- **チームに対して要望を出す人（経営者、顧客、チームが所属する事業の責任者、隣接組織の責任者など）**
- **チームの活動によって影響を受ける人（使用しているプラットフォームの管理組織など）**

自分たちに要望を出してくるステークホルダーについては、自分たちが要望を受け

とる立場ということもあり、ステークホルダーとして認識しやすい存在です。一方、自分たちの活動が影響を与える相手についてはステークホルダーのリストから抜け落ちてしまうことがあります。そうすると、開発を進めていく中で予期せぬ不具合やインシデントの発生を招いたり、リリース直前で計画の頓挫につながってしまったりといった望ましくない結果を招くことがあります。漏らさずしっかりとリストアップしていきましょう。

ステークホルダーとの協力関係の形成

異なるチーム同士が協働する関わり方に、3つの基本的なチームインタラクションモードがあります 7-3。

図 7-5　3つの基本的なチームインタラクションモード

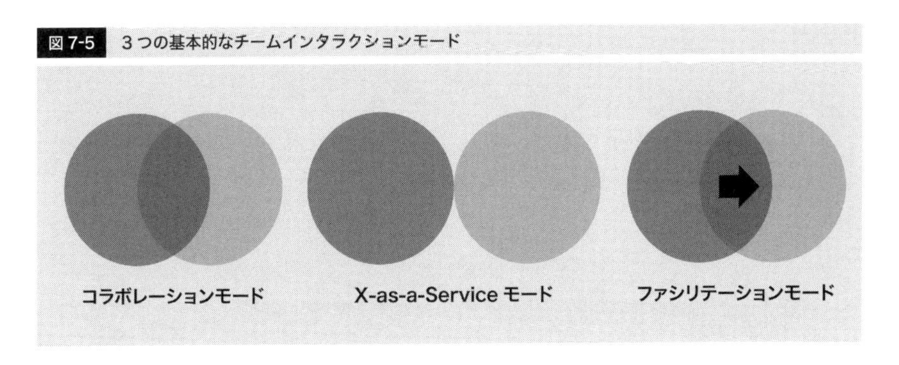

- コラボレーション：他のチームと密接に協力して作業すること
- X-as-a-Service：最小限のコラボレーションで何かを利用または提供すること
- ファシリテーション：障害を取り除くために他のチームを支援したり、支援を受けたりすること

協働するチームをステークホルダーとして扱うべきかを判断する上で参考になる考え方であるため、ここで紹介します。

コラボレーションモードの関係にあるチームは明確にステークホルダーとなります。意思決定をする際に相談するべき対象になります。

X-as-a-Service モードでは、それぞれの成果物を利用はするものの、積極的に要望を出していくことはしません。そのため、密なコミュニケーションはそれほど必要ありません。決定事項の共有は行っておき、何か気になる点があったらフィードバックしてもらえる状況を作っておきましょう。

ファシリテーションモードの関係にあるチームは、コラボレーションモードと同じくステークホルダーとなります。ただ、支援が一時的なものである場合、支援期間が過ぎればステークホルダーのリストからは外してもよいでしょう。

ステークホルダーとの関係性で、どの程度移譲してもらうかの合意形成に使えるのがManagement3.0のプラクティスであるデリゲーションポーカーです。本来は管理者とメンバーの間で権限委譲の度合いについて認識をすりあわせるためのツールですが、ステークホルダーとチームの関係性を明確化することにも転用することが可能です。

図7-6 デリゲーションポーカー

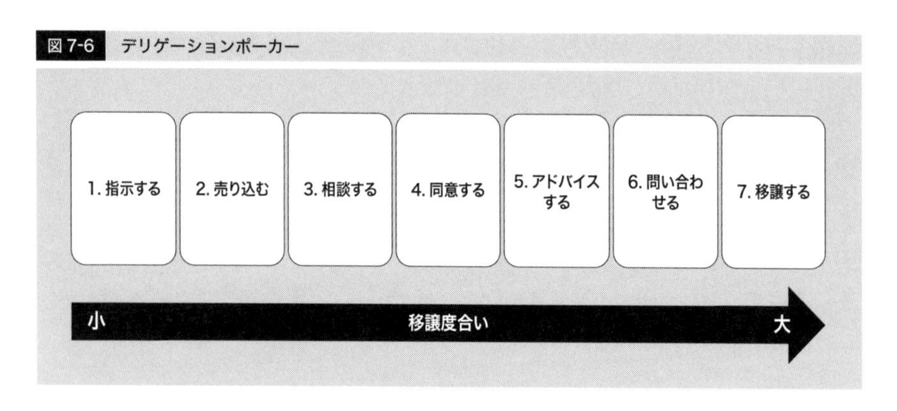

1. 指示する：ステークホルダーが意思決定を行いチームはそれに従う
2. 売り込む：意思決定を行い、それをチームに納得してもらう
3. 相談する：まずチームに相談し、それをもとに意思決定を行う
4. 同意する：ステークホルダーとチームが一緒に意思決定を行う
5. アドバイスする：チームがステークホルダーに相談し、意思決定を行う
6. 問い合わせる：チームが意思決定を行い、ステークホルダーはそれにフィードバックする
7. 移譲する：チームが意思決定を行う。ステークホルダーは特に影響を及ぼさない

インタラクションモードとデリゲーション度合いの整合性がとれているかどうか

は、ステークホルダーと健全な関係性が築けているかを判断するひとつの材料になります。たとえば、コミュニケーション頻度が低くX-as-a-Service的な関わりをしている場合、デリゲーション度合いとしては「7. 移譲する」になっていることが期待されます。それにも関わらず頻繁な相談を要求されたり、場合によっては最終決定権をステークホルダーが握っている場合、予期せぬ作業、手戻りの発生につながる恐れがあります。

もし、以下のようなコミュニケーションが発生しているようであれば要注意です。

チーム「要件がまだ明確になっていないので、しばらくは週次で開発中のものを見てもらいたいと思っています。開発したもののレビューを定期的に実施しているので、そちらにご参加いただけないでしょうか」
ステークホルダー「うーん、出来上がってから見せてくれる？　作りかけのものを見てもしょうがないし」

この場合でいうと、高頻度に見てもらうことで早期に必要なものにたどり着ける可能性があることを伝える、どうしても参加が難しい場合は代理を立ててもらうなどしてデリゲーション度合いとマッチしたインタラクションモードになるよう交渉していきましょう。

ちなみに、代理を立ててもらう場合、代理に権限委譲されていないと手戻りリスクは高いままなので要注意です。

Q&A　関係性が薄い人とデリゲーションポーカーするのは心理的ハードルが高い

あまり話したことがないチームの人に「デリゲーションポーカーしましょう」って声かけるの、気が引けるなぁ

私、声かけてこようか？

チーム外とのコラボレーションが得意な人にお願いするのはよい方法ですね

期待のマネジメント

ステークホルダーマネジメントを行う上で特に意識を注ぎたいのが、期待のマネジメントです。ステークホルダーが期待するQCDS（Q：品質、C：コスト、D：デリバリー、S：スコープ）の水準がチームのケイパビリティ（能力）におさまるものであれば特段アクションは必要ないのですが、QCDSのうち何かを諦める必要があるとき、期待のマネジメントが必要になります。

たとえばD（デリバリー）が最優先とされる場合で考えてみましょう。プロダクトに関する法律で近々法改正がある場合や多くのユーザーが利用する繁忙期、その他ビジネス上の理由から決められた日程までに開発しているものをリリースしたいというニーズがあったとします。このとき、Dは動かせないのでQCSいずれかでバランスをとっていくことになります。

費用に影響がなく、また機能面でも当初計画から見劣りがしない状態をつくるためにテスト工程を簡略化するなど内部品質を犠牲にする決断をすることがあります。そして、品質の中でも顧客の利用体験などではなく顧客からは見えづらい内部品質が犠牲になっていきます。

この意思決定は後々、思わぬ不具合の発生、技術的負債の蓄積による開発スピードの低下など大きなツケを払うことになっていくので、できれば避けたいところです。

では、どのように調整していくのがよいのでしょうか。

コストに関してはどうでしょうか。まず、人を増やすアプローチで考えてみましょう。実はコスト増加を許容できるかどうか以前に、途中から人を追加したところで速くならない、むしろ遅くなることもあるという事実（ブルックスの法則）をおさえておく必要があります。人海戦術で人を追加すればするほどスピードが上がる作業とは異なり、ソフトウェア開発では人員の急激な追加はコミュニケーションパス増加、オンボーディングコスト（※7-1）発生などの理由によりむしろスピードを低下させることがあります。もちろん例外もありますが、基本的にこの戦略はとれません。なお、

※7-1　チームに新しく参加した人がチームで期待される水準の活動ができるようになるまでに発生する教育コストなどを指す

コストを増加させるアプローチとしては、高性能の機器を導入するなどして効率化を図る手段もあります。コスト増加が許容できるものであれば選択肢のひとつとしては有効です。

スコープに関してはどうでしょうか。本書で紹介しているような一定の期間で小さく作っていくやり方はスコープを絞るアプローチと相性がよく、また提供する品質については内部品質含め妥協せず作り込むことができるため、できればこの選択肢を選びたいところです。

しかし、「機能を絞る」ということに慣れていないステークホルダーもいます。また、これまで歩んできたキャリアの中で「間に合わせるために機能を絞りたい」というアプローチを好まない文化的背景を持つステークホルダーもいます。

この期日に間に合わせるためにスコープ調整をする予定です。優先順位をつけ、この機能とこの機能は最初のリリースから外す予定なのですがいかがでしょうか

優先順位も何も、全部大切だよ。全部やりきるのがプロフェッショナルだよ

優先順位をつけ必要なものからリリースしていきたいという価値観からすると、優先順位をつけないのは何も大切にしないことと一緒だ、と言いたくなってしまう場面です。ですが、やりきることがプロフェッショナルだと考えているステークホルダーにとって、機能を絞り込むことを提案するというのは消極的でやる気の感じられない行動として映ってしまうのです。

この状況では、ステークホルダーの視点に立ってみましょう。「なぜ今か（ホワイ・ナウ）」を問うのです。このシンプルな問いは、セコイア・キャピタルというベンチャーキャピタルが多用していた問いです 7-4 。今やると何が得られるのか、今やらないとどのような問題があるのか。そういったことを明らかにしていくことで、ステークホルダーにとって本当に欠かすことのできない要求が明らかになります。

これを明らかにした上で「では、期日までにこのコア機能が揃っていれば期待する提供価値を実現できそうでしょうか」という確認をとります。そうすれば、ステークホルダーの意思を尊重しながらスコープを絞ることができます。

ステークホルダーとの期待マネジメント：うまくいかない例

要望いただいてる機能なんですが、これをやってると目標達成のほうに影響が出そうで……いくつか優先順位の低いものをスコープから外したいので、優先順位を教えていただけますか？

優先順位？　全部大事だよ。だいたい目標達成に影響が出そうって君のチームの都合だよね？　こっちはお客さんに必要なもの作ってるんだよ。わかった？

ステークホルダーとの期待マネジメント：うまくいく例

要望いただいている機能ですが、理解を深めたいのであらためてこのタイミングでリリースすることで得られるバリューについて教えていただけますか

ふむ。それはね、いつも春先になると、ikkyのダウンロード数は増加する傾向にあるんだ。健康診断の結果が返ってきて、そろそろ運動しないとまずいなと危機感を持つ人が増える時期なんだよね

確かに私も、健康診断が返ってきた週はお酒を控えることが多いです

君のことは別にいいんだけど……お酒はほどほどにね。で、そのダウンロード数が増加するタイミングで初心者が簡単な運動にチャレンジしたくなるコンテンツを提供すると定着率が上がるはずだから、この機能を出したいんだ

なるほど！　確かに初心者が簡単に運動できるコンテンツに触れると、そのあとも続けて使いたくなりそうですね。ところで、ご要望いただいている仕様だと上級者向けコンテンツについても開発することになっているのですが

ああ、基本的にどのレベルのユーザーでも同じユーザー体験を提供したいからそうしていたけど、上級者向けコンテンツには要らないかもな

私もそう思います。たとえば、まずは上級者向けコンテンツでは対応せずリリースする。初心者向けコンテンツへの反響などを見て上級者向けコンテンツでもニーズがありそうだったら、そうと判明した時点で実装……というのはどうでしょう？

うん、いいね。それでいこう

ステークホルダーが複数存在する場合の期待のマネジメント

ステークホルダーが複数存在し、かつそれぞれが競合する意見を持ち合わせている場合は期待のマネジメントの難易度が跳ね上がっていきます。これはどのステークホルダーも自分の要求が一番大切だと考えていることが往々にしてあるからで、異なる価値観同士がぶつかり合い「私の意見が一番大切です」と主張し合っているところを調整するという難しさがあります。

このときに役立つのが、組織レベルの OKR です。組織全体でどこを目指しているかについて、ステークホルダーを含めあらためて対話していきます。「私の意見」のぶつかり合いから、組織目線でどうするべきか？　という観点で考えることができ、組織として最適な判断を行うことにつながります。

こういった利害の衝突があったときに、**自分たちがなぜここにいてどこを目指しているのかを再確認させてくれる**のも、OKR のいいところです。

 情報非対称性の低減

ステークホルダーと組織がコミュニケーションする頻度が少ない場合、情報非対称性が発生してしまいます。できる対策として、組織の中で流通している情報は極力カンバンなどで見える化しておく、チャットツールで Working out loud しておくなどが考えられます。場合によってはステークホルダーが確認しやすいよう短くまとめたレポートを定期的に上げたりしてもよいでしょう。また、本書で紹介しているように開発したもののレビューを定期的に行っているチームであれば、そのレビューの場にステークホルダーにも参加してもらうとよいでしょう。

なお、ステークホルダーが誰かの意見を代弁している場合に気をつけたいのが、代

弁される意見にはどうしても代弁者の意見が混ざった状態で伝わってくる、ということです。

図 7-7 代弁者のバイアスにより、「できるならやってほしい」が「最優先」に変貌するケース

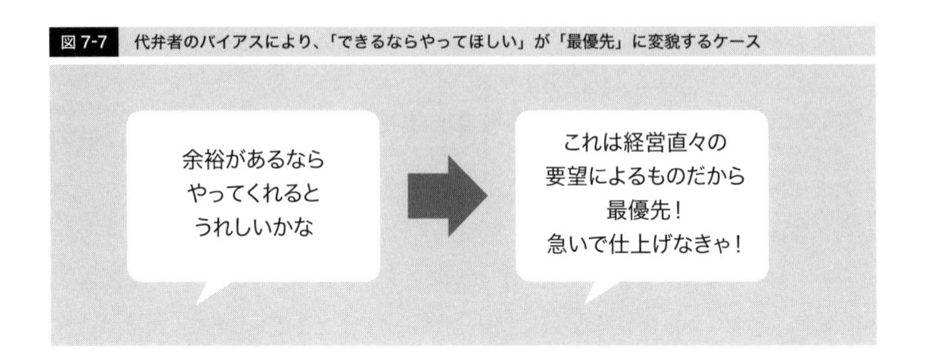

なので、優先順位や温度感の確認については、代弁者ではなく本人に直接確認していく姿勢が大切です。

ステークホルダーと良好な関係を築いてよいものを作ろう

ステークホルダーマネジメントを行う上で大切な考え方は、**ステークホルダーはともにプロダクトを作る仲間である**という意識です。よい関係を築くことはよいプロダクトをつくることにもつながります。ステークホルダーが第三者的な視点からフィードバックしてくれることでプロダクトに深みが生まれたり、強力な顧客接点を持つステークホルダー経由でユーザーインタビューの場を設けることができるなど、チームによい効果をもたらしてくれます。また、インフラ・SRE チームから「1年後のユーザー数を想定すると、こういうアーキテクチャにしておいたほうがよい」と設計面でのアドバイスが得られるなど、内部品質向上のためのヒントがもらえる可能性もあります。

経営層、事業責任者など中長期的な目線をもったステークホルダーは、現場からは見えていない展望をもっていたりするものです。良好な関係を築いておくことで様々な情報が得られるようになり、そういった未来の話と今自分たちが身をおいている状況を地続きで捉えられるようになっていきます。

ステークホルダーのことを面倒な注文をしてくる外野だと思わず、貴重な意見で一緒にプロダクトを磨いてくれる仲間だと捉えてコミュニケーションしていきましょう。

ステークホルダーとよい関係を築くには？

良好な関係を築くのがよい、っていうのはよくわかるんだけど、実際にどうやって築いていったらいいんだろう？

定期的に相談する時間を設けたり、プロダクトの将来像についての目線合わせを一緒にやったり、といったアプローチがおすすめです

なるほど！　メンバーとは 1on1 をやったり、一緒にインセプションデッキをつくったりしているけれど、それをステークホルダーともやればいいのか

ワタルさん、それです！　ステークホルダーも大切な仲間ですからね

References

7-1 『Learn Better――頭の使い方が変わり、学びが深まる 6 つのステップ』アーリック・ボーザー（2018、月谷真紀 訳、英治出版）

7-2 『プロダクトマネジメント ―ビルドトラップを避け顧客に価値を届ける』Melissa Perri（2020、吉羽龍太郎 訳、オライリージャパン）

7-3 『チームトポロジー　価値あるソフトウェアをすばやく届ける適応型組織設計』マシュー・スケルトン、マニュエル・パイス（2021、原田騎郎・永瀬美穂・吉羽龍太郎 訳、日本能率協会マネジメントセンター）

7-4 『超一流が実践する思考法を世界中から集めて一冊にまとめてみた。』ガブリエル・ワインバーグ、ローレン・マッキャン（2020、小浜杳 訳、SB クリエイティブ）

目標設定と確認はいつやるの？

本書で紹介されている各種プラクティスを読んで、「やってみよう！」と思ったときに突き当たるのが「いつやるのか？」という問題です。プロダクトがすでに動き出している場合、本書のマンガのように、目標設定のための時間がとれない状況が現実的には起こり得ます。「仕事が詰まっている状況でいつやればいいんだ？」と悩んでしまったり、チームメンバーや上司に「今忙しいから仕事がひと段落したらね」と一蹴されてしまったりすることもあるでしょう。

それでは、これらのプラクティスはいつやるのか？　その答えは「**ふりかえり**」にあります。もしあなたのチームが定期的なタイミングで「ふりかえり」をする時間がとれているのであれば、ふりかえりの活動の中で目標設定や見直し・確認を行いましょう。**ふりかえりの本質は、未来のために立ち止まり、話し合いをし、行動を変えていくこと**です。目標設定こそ、未来の礎となります。立ち止まり、現在地を確認してこそ、ゴールの解像度が上がります。ふりかえりという単語から想起されやすいのは、Fun／Done／Learn（※7-2）やCelebration Grid（※7-3）といったふりかえり手法ですが、手法を行うことはあくまで手段です。本質を見失ってはいけません。未来のために、目標設定を行う時間がとれないのであれば、それ自体がチームにとっての問題です。全員が集まるふりかえりの場でこそ、こうした話をするべきです。

チームビルディングの各種プラクティスを試したいときも同様です。チームビルディングもプロジェクト・プロダクトの初期でこそ行われるものの、徐々に行われなくなる活動の筆頭です。こちらも解決策は同じで、ふりかえりの時間でチームビルディングをします。ドラッガー風エクササイズや偏愛マップなどの本書で紹介されたプラクティスも、業務を中断して行うには心理的なハードルがあるかもしれませんが、ふりかえりの中で話し合うのであれば、気が楽にできるはずです。「チームの現状をよりよくするために互いを知りたい、だからこそチームビルディングをふりかえりの中でやろう」とメンバーに説明すれば、きっと理解を示してくれることでしょう。

もし、**あなたのチームが定期的にふりかえりをする時間すらとれていないのであれば、それはとても大きな問題ですが、チャンスでもあります。**日々の仕事を漫然とこなしているだけで、成長の実感がない、ビジネスがうまくいっているのかが定量・定性的にわからない状況であるほど、「チームや組織内にモヤモヤ、もしくは焦燥感がある」「何かを変えたいのだけれど何から始めたらいいのかわからない」という気持ちを持つ人も一定数います。現時点の確認のためのふりかえりの場と、未来のための目標設定の場を設

※ **7-2**
Fun・Done・Learnの3つの円を描き、学びや気づき、チームの活動や達成できた目標を話し合う手法のこと。

※ **7-3**
ミス・実験・プラクティス×成功・失敗の6象限で学びや気づき・実験を祝い合う手法のこと。

森 一樹
Kazuki Mori
株式会社野村総合研究所
チームファシリテーター

けることに共感を得やすい環境になっています。そういうときこそ、現状認識のためのふりかえりが始めやすくなります。ふりかえりを数回繰り返して現状を認識できるようになったら、次は未来の目標のことを考え始めればよいのです。

もちろん、ふりかえりの場以外で、定期的に目標設定のための時間を確保する、もしくは日常的にそういった会話がされるチームの文化づくりが行われているのが好ましいです。毎年に一度、事業に関わる全員が集まり目標設定をする「未来会議」を行ったり、四半期に一度、複数チームが集まって目標への達成状況を確認し、目標を再設定したり、という風に固定化された目標設定のサイクルがプロセスとして組み込まれているのがベストです。ただし、そういった文化の一歩目はふりかえりから。「時間がない」と感じてしまっているなら、ふりかえりの時間から始めましょう。目標設定とふりかえりは、切っても切り離せない表裏一体のものなのです。

自身やチームを見つめ直し、変化を起こすためにはふりかえりは必須の活動です。このコラムを読んでふりかえりにも悩みが生まれた、そんなあなたには、本書のシリーズである『ふりかえりガイドブック』を手にとり、読んでいただけたら幸いです。本書の「目標設定」と最高の親和性を持つ「ふりかえり」が、あなたのチームやプロジェクトをより豊かにしてくれることでしょう。

STEP

8

ゴールにたどり着いた その先に

目標達成の結果が出る時期がやってきました。目標は達成できたでしょうか。達成／未達いずれにせよ、ゴールはあくまでその時点でのゴールです。ゴールへ向かう過程で得られた学び、向上したスキル、そして生み出した価値を手中の鳥として、私たちはまた新しいゴールへと向かいます。最終STEPとなるこのSTEPではゴールにたどり着いたその先、次のゴールを目指すためのアクションについて解説していきます。

今期もいよいよ
終わりかぁ
うーん
リーダー！
おつかれ！

お疲れ様です
ワタルさん
本当にお疲れ様
でした

みんながんばった！
ところで……

くるか……

目標はタッセイ
できたかな！？

今回は
自信あります！
ね！　みんなで
がんばったし！

いいチームだ……

おー！

じゃあ　みんなで
OKR の達成状況を
みていこう！

STEP 8-1

達成状況の確認

目標には期限があります。その期限がきたら、目標が達成できたのかできなかったのかを確認します。文字にすると当たり前のことですが、その当たり前の作業のプロセスを今一度確認していきます。

1. Key Results それぞれの達成状況を確認する
2. その達成状況をもとに、Objectives が達成できているか判断する
    a. Objectives が定量的なものであれば数値で判断する
    b. 定性的なものであればステークホルダーを交え総合的に判断する

STEP2 では 2 つの Objectives を設定していました。**1.** は定量的なものでデータから判断することができ、**2.** は定性的なものなのでステークホルダーとのコミュニケーションを通して達成したかどうかを判断していくことになります。

1. ikky ユーザーの運動・スポーツ実施率が 70% 以上になっている
2. ikky がフィットネスアプリのデファクトスタンダードになっている

では、1 番目の Objective から点検していきましょう。

- Objective：ikky ユーザーの運動・スポーツ実施率が 70% 以上になっている
- Key Results：フィットネス動画視聴率が 80% になっている
  動画選択画面での離脱率が現状の 70% から 10% まで下がっている

まず Key Results からみていきましょう。フィットネス動画の視聴率は……おお！　80% ！

すごい！　ちょうど達成だね！

達成だ！　達成だ！

そして動画選択画面での離脱率は……こっちは 30% か。残念ながら未達だね。でも、かなり下がってきてる！

未達かー

……大事なのは Objective です。ユーザーの運動・スポーツ実施率はどうですか

アンケート結果だと……60％！　そして、スマートウォッチと連動してるユーザーだと……おおお！　80％！

すごい！

達成！

ちょっとまってください。スマートウォッチ連動ユーザーってどれくらいいるんですか。わざわざウォッチと連動するユーザーは意識が高い人たちだから、高い実施率なのもそれはそうというか

スマートウォッチ連動ユーザーは 10％くらいだったかな。なので、全体でならすと 70％には届かないか。でも、かなり健闘したんじゃない？

そうですね。達成度としては、目標に対して８～９割の着地といったところでしょうか。チャレンジングな目標だったことを考えると上出来です

でも達成じゃないんだよね……

数字の上ではそうです。じゃあユーザーの 60％以上が運動・スポーツを実施しているという状況に意味がないか？というとそうではありません。確実に、世の中の人々を健康へと導いているのです。われわれはなぜここにいるのか。自分たちの存在意義をまっとうしたよい成果が生み出せたのではないでしょうか

へー、サトリさん今日はなんだか饒舌ですね！　でも、そういってもらえると確かに。意味のあることはできたよね。でも私はやっぱり達成感を味わいたいなー

二人ともありがとうございます！　まず、今回は私たちのユーザーにとって意味のある成果を出すことができました。そして、それでゴールかというと、まだまだできることはあります。だからタッセイさん、次に向かうゴールで、今度こそ「達成」を目指しましょう！

数値の上では 100% 達成ではないものの、世の中にインパクトを生み出すよい成果につながったようです。

さて、定性的な Objective についても見ていきましょう。

ikky がフィットネスアプリのデファクトスタンダードになっている

本書ではこちらの Objective については詳細を取り扱ってこなかったので、KR との関連は省略し Objective そのものに対しての対話をみていきます。

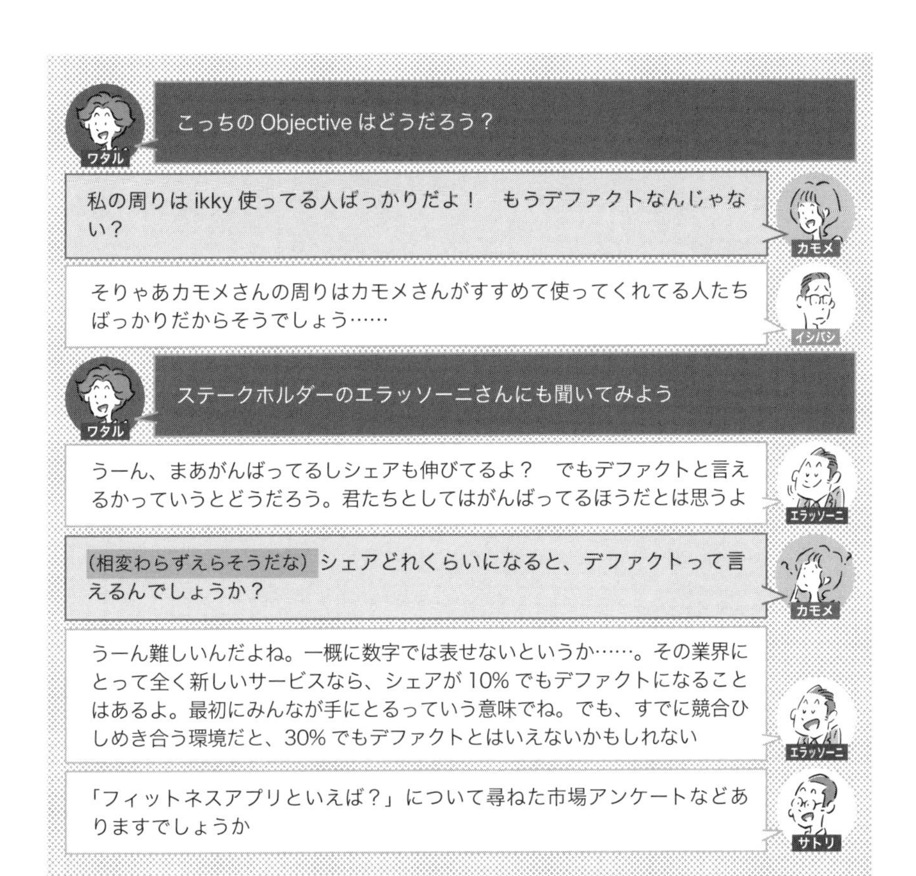

ちょうどいろいろ分析したくて調べてたんだけど、そういうアンケート結果あるよ！　ikky は……フィットネスアプリといえば？というアンケートだと 2 位みたい。1 位は「力 is パワー」だって

確かによく聞きますね、力 is パワー。「24 時間働けるカラダを手に入れよう！」というキャッチコピーはどうかと思うけど……

タッセイちゃん、ありがと！　うーん、じゃあ残念ながら、この O に関しては未達だね。でも君たちにしてはすごーくいい結果だったんじゃない？　及第点だよ及第点。この調子でがんばって！

（えらそうだな……）ありがとうございます。今回は未達という判断だけど、デファクトにグッと近づいてるのは間違いないから、引き続きがんばっていこう！

一見定量的に判断できそうな目標も、よくよく考えてみると定性的なものであるというのはよくあることです。ステークホルダーとの対話、そしてその目標達成を判断するための有力な材料になるデータをもとに達成状況を見極めていきましょう。

STEP 8-2 自分たちの「通信簿」をつけよう

OKRの達成状況については、ある程度客観的に判断することができます。ここで紹介する「通信簿」は、自分たちの成果に対して主観的に評価を行うプラクティスです。

図8-1 通信簿の例。インセプションデッキ、ワーキングアグリーメント、OKRに対して評点をつけている

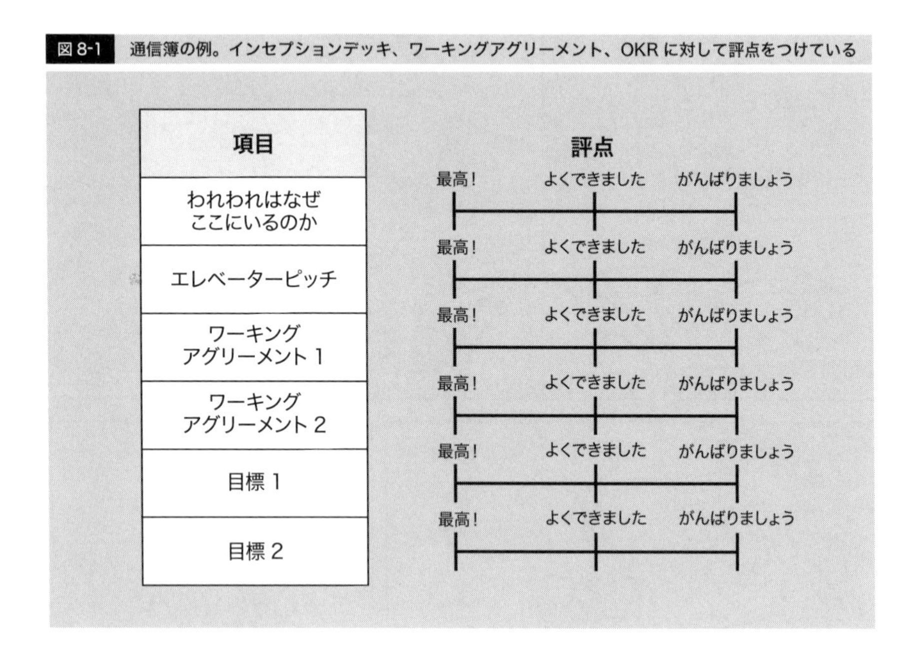

1. チームが大切にしている要素（インセプションデッキ、OKRなど）を洗い出す
2. それぞれの項目について個人で評点をつける
3. お互いの評点を見ながらなぜその評点なのかを共有しておく
4. お互いのギャップを認識し、チームとしての評点を決定する
5. 次にがんばること、試すことについて話す

このプラクティスの実施を通して、チームの状態に対する満足度について共通認識を形成することができます。

2つのObjectivesについて、それぞれ通信簿をつけてもらいました。「ikkyユーザーの運動・スポーツ実施率が70%以上になっている」についてはほとんどのメンバーが「最高！」としてますが、タッセイさんは「がんばりましょう」ですね

え？　みんな「最高！」なんだ。がんばったはがんばったけど、未達だったからここ（がんばりましょう）に置いたよ

ううう、そう言われると悩ましい……。でも60%以上が運動・スポーツやってるのってすごいと思うんですよね

このObjectiveに対して私たちがベストを尽くせたか、というのはポイントになりますね。その点でいうとどうでしょう

そりゃあ、間違いなくベストは尽くしたかな。でも自分たちががんばったってだけじゃなく、ユーザーの行動変えてなんぼでしょ？　まあだから、「よくできました」くらいがいいのかな

話を聞いていて、私も「よくできました」がいいかと思いました。まだ伸びしろがあるぞ、っていうのがわかりますし

そうしようそうしよう！

ではもうひとつ……。「ikkyがフィットネスアプリのデファクトスタンダードになっている」について。これは、みんな「よくできました」か。あれ、サトリさんは「がんばりましょう」ですね

はい。正直いって、私はikkyのことを素晴らしいプロダクトだと思っています。素晴らしいプロダクトなのにまだデファクトとは言えない状況なんです。それって、僕たちもっとがんばらなきゃいけないってことなんじゃないでしょうか

ううう……そういわれると、もっとがんばらなきゃなぁ……

確かにそれもそうだな……もっと僕たちにできることはある、という意思表示も込めて、「がんばりましょう」に置いておきましょう

このプラクティスを通して、**自分たちがありたいと思っている姿と現実の自分たちとの間にあるギャップに気づくことができます**。そのギャップが方向性を定めます。あるべき姿はObjectivesになりますし、ギャップを埋める行動はObjectivesに私たちを近づけるという意味で、Key Resultsになっていきます。

インセプションデッキの更新

私たちはOKRの達成状況から学習し、自分たちの次の行動を改善していきます。このとき、結果から学んで行動を変化させていくことをシングルループ学習、行動の背景にある前提・メンタルモデルまで書き換えていくことをダブルループ学習といいます。個人や組織の行動・判断・思考の基礎を形成するメンタルモデルをも更新対象とすることで、より根本的な改善・変化につなげていくことができます。

図8-2 シングルループ学習とダブルループ学習

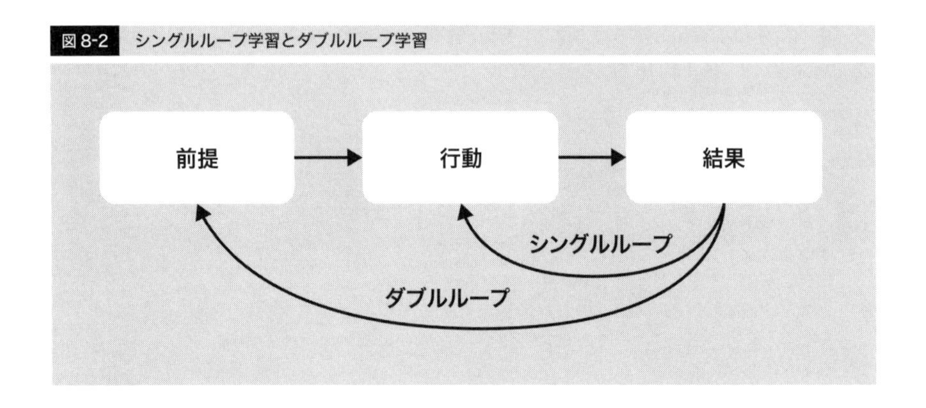

たとえば、プッシュ通知による動画視聴率の向上が期待したほどではなかったときに、プッシュ通知の頻度を上げて動画視聴率向上を目指すとします。これは、シングルループ学習から生まれてくるアイデアです。そもそもプッシュ通知が有効なのかを点検し、なぜ動画視聴率を上げたいのか、から再点検し、その結果として実施される戦略転換はダブルループ学習から生まれるものです。

インセプションデッキの更新は、ダブルループ学習を活用して自分たちの前提を書き換える絶好の機会です。目標を追っていた期間の中で学んだことから「われわれはなぜここにいるのか」「エレベーターピッチ」の現時点での妥当性について再検討し、よりよいものにアップデートできそうであれば積極的に更新していきましょう。

インセプションデッキが更新できたら、あらためて自分たちが次にどこを目指すべきか、次に設定するべき OKR はどのようなものか考えてみましょう。

もしインセプションデッキの更新で大きな変更がないのであれば（前提の書き換えがなければ）、前回設定した OKR の延長線上にあるものになるでしょう。

ワタル：次の Objective ですが、デファクトについては未達成なので、引き続きデファクトになることを Objective に掲げようと思っています。そしてもうひとつの Objective については「ikky ユーザーの運動・スポーツ実施率が 80% 以上になっている」にしようと思っています。前回、70% まではいかなかったけどかなりいい線までいったこと。ここの数値を上げることがデファクトに近づくことを意味していることから、このように設定したいと思います

なるほど、過剰に高すぎず、妥当な Objectives ですね

これなら達成できそう！

一方で、前提が書き換わっているのであれば Objectives についても大幅な方針転換が適している可能性があります。

運動・スポーツ実施率を上げること自体は、ユーザーにとって有益なことなのでよいと思います。ただ……この指標は、デファクトスタンダード化に対しては、どの程度寄与するのでしょうか。デファクト化を目指すことが利用拡大につながり、結果としてそれが多くの人がスポーツ習慣を持つことにつながっていきます。この指標はすでに ikky を使っている人たちの行動変容につながるものです。そもそもの認知度を拡大するという目的に対しては、はたして合致しているのでしょうか

それ私も思った！　もっと新しいことやろうよ！　知らない人に知ってもらうためにさ

ううう……確かにそれはそう。もっと多くの人に知ってもらわないと……

うーん、すごくチャレンジングになるけど、フィットネスアプリとしての認知度 No.1 を目指してもいいのかもしれないね。

このようにして、自分たちが設定した OKR がどうだったか、そこから読み取れることは何かを深掘りすることで新しい気づきを得ることができます。その気づきをダブルループ学習の種にして、**今よりももっと自分たちを飛躍させ、世の中を変えていき、何よりもワクワクする OKR を描いていきましょう。**

自分たちが向かう先を照らし出す～熱気球

新しい OKR を設定し、ふたたびゴールを目指して動き始める。その前にやっておきたいのが、何がゴールへと後押しし、何がゴール達成の足かせになっているかを把握すること。この先、私たちが歩んでいく道のりにはどのようなリスクが待ち構えているのかを想像することです。

自分たちの道のりを気球の上昇になぞらえ、行く末について考えるためのプラクティスが「熱気球」です。

1. 向かう先を設定する（この場合、OKR の達成）
2. 目標達成を後押しする「上昇気流」を書き出し共有する
3. 目標達成の足かせになっている「荷物」を書き出し共有する
4. 今後発生するだろうリスクである「雲」を書き出し共有する

図 8-3 熱気球

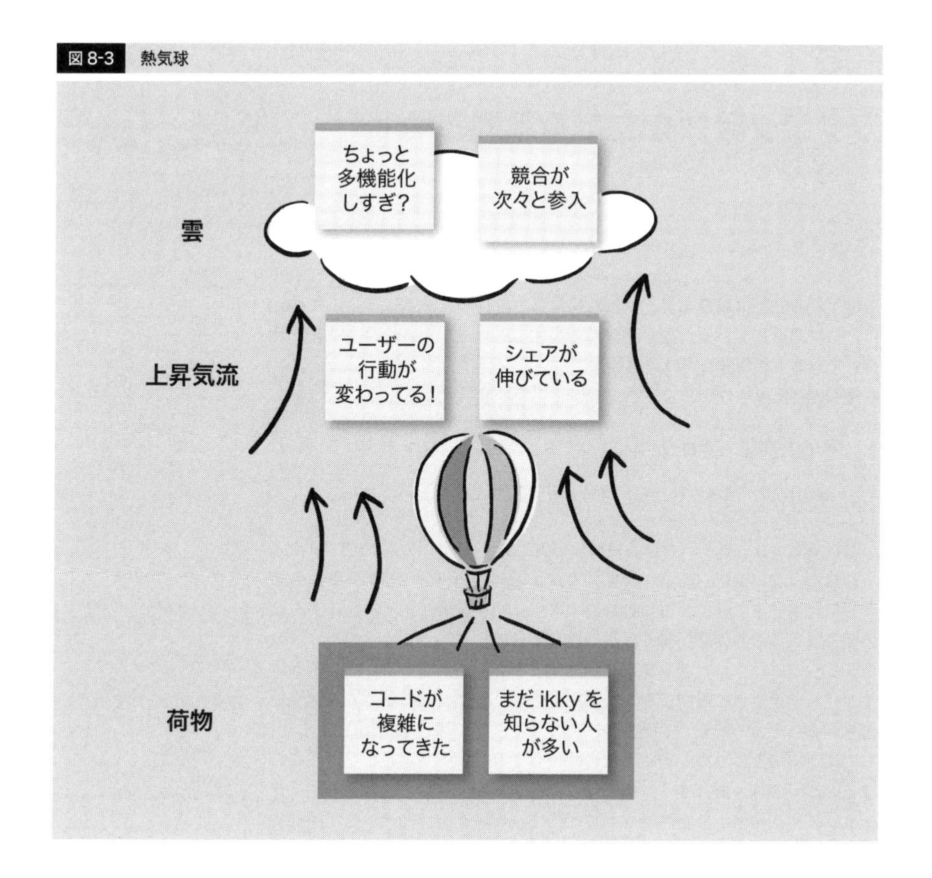

上昇気流となるような動きは増やしたいですし、荷物はなるべく減らしたいものです。そして妨げになるかもしれない雲については、うまく避けてあげたり取り除いてあげたい。

このプラクティスは、今この瞬間の課題ではなく、将来たどり着きたいゴールから現在地点へとまなざしを向け、そこから課題やリスクを明らかにしていきます。OKR を更新するタイミングで実施することでチームメンバーの目線を揃え、前向きな姿勢を生み出すことができます。

ワクワク目標を立てる意義とは？

湯前 慶大
Yoshihiro Yunomae
株式会社カケハシ CTO

私はこれまでマネージャーとして、様々なエンジニアの目標設定のレビューをしてきました。しかし、多くの目標設定は一度で終わらず、二度・三度とやることになります。何度も目標設定をレビューすることになるのは、私が期待している成果の到達点の高さの違いと、その目標設定者に期待している成長角度の違いにあります。

多くの目標設定のレビューで、私は以下の２点の質問をします。

1. 今の目標は、あなたがワクワクするものになってますか？
2. 今の目標が達成されたら、スーパー○○さんになってますか？

この質問をされると、大抵の目標設定者は面食らってしまいます。「正直そんなにワクワクはしてないです」とか、「私がスーパー と言えるような状態に正直なってないかもしれないです」という言葉が返ってきます。この回答からわかるのは、多くの目標設定者は知らず知らずのうちに、今のままやっていけばほぼ間違いなく到達するであろう目標を立ててしまうのです。目標設定者の最初に考えた目標を達成していくと、その方の期待役割水準の成果になるのは間違いありません。ただ、私の視点からすると、ものすごい成果につながることを目標にしてほしいです。ここでいうものすごい成果とは、開発するプロダクトの品質、開発プロセス、アーキテクチャ、技術的負債、分析内容などに対して、現時点ではどのように達成するかはわからないが、達成できたら次のレベルに到達したと誰しもが思うような地点です。その地点を自分の力で達成できるのだとしたら、それはワクワクするのではないでしょうか。さらに、その成果を達成したあかつきには、その方が半年前・一年前と比較して自他共に認めるレベルで成長してほしいのです。私の所属する組織は常にレベルアップしていく必要があり、そのための大事なピースが個人の成長です。とはいえ、私がマネージャーとしてできることは成長の機会や環境の提供です。スーパー○○さんへの架け橋役として、その目標設定を通じて、成長の角度のすりあわせをしたいのです。そして、本当に成果を上げて成長できたのだとしたら、その方は高い評価をもらうことになり、おそらく厚遇を受けることになるでしょう。目標設定者の成長は、みんなが幸せになるのです。

そういう想いがあり、私はいつも目標設定のレビューで抽象的なふたつの質問をするのです。何度も目標を作り直すのはお互いに大変ではありますが、「これができたらすごいことになるぞ！」というワクワク目標は必ず見つかります。ワクワク目標が決まりさえすれば、あとはやるだけです。

おわりに

おわりに

本書では、目標の作り方、そして作り上げた目標にチームで向かっていく方法について紹介してきました。私がOKRと出会ったのは、2018年、たまたま書店で手にとった「Measure What Matters」という書籍がきっかけでした。

力強く組織を推進するそのフレームワークを試してみたくてうずうずしていた私は、当時所属していた会社の中で勉強会を開催しOKRという概念を広め、自分が責任者を務める研究開発部門でOKRを導入するための準備を進めていきました。

2019年4月から本格的にOKRの活用に取り組み始め、試行錯誤を繰り返していきました。少しばかりの成功と数え切れないほどの失敗を経験しながら私たちは前進し、いつしかOKR導入前では考えられなかったような成果を生み出せるようになっていました。

その経験と成果を言語化し、発信し始めたのが2020年頃。発信をすることでOKRへの理解を深め、それを現場で活かし、またその成果を発信していくという学びの循環がありました。

本書には、目標設定だけではなくマインドセットやチームビルディング、ステークホルダーマネジメントなど様々な要素が詰め込まれています。これらを盛り込んだのは、私が長い間OKRと向き合う中で、チームが自分たちをワクワクさせるような目標をつくり、それを達成していくためにはこれらの要素が必要であるということを肌で感じたからです。

チームが目標と向き合い続ける中で、様々なことが起こります。うまくいかなくてチームの雰囲気が悪くなったり、目標の前提が変わって右往左往したり、ステークホルダーからの要求で急に負荷が高くなったり……。そして、そういった壁を乗り越えた先で味わう目標達成の味は、格別なものです。

目標は一度設定すればそれで終わりではなく、達成に向けた長い旅が始まります。

そして、その目標を達成した先には、また新しい目標が見えてくるものです。この終わりなき旅路を繰り返す中で、あなたの周りの世界は少しずつよい方へ変化していきます。おおげさかもしれませんが、目標づくりに主体的に取り組み前進するチームが増えることで、世界はどんどんよいものになっていくのです。本書が、そんな世界を変えるあなたの一助になれば幸いです。

最後に、あらためて問いかけます。

目標設定は好きですか？

謝辞

本書を執筆するにあたって、翔泳社の小田倉怜央さん、畠山龍次さんには企画段階から多大なるサポートをしていただきました。もっと多くの人に届けるための構成、もっとわかりやすくするためのアドバイスのおかげで、書くべき方向性がずいぶんと明確になりました。また、同じく翔泳社の岩切晃子さんの後押しのおかげで、本書はなんとか形にすることができました。いつも温かく見守ってくれてありがとうございます！

亀倉秀人さんによるイラストは、本書が伝えたいことをグッとわかりやすくしてくれました。キャラクターのイラストが上がってきたときには、小田倉さん、畠山さんと「これ最高ですね！」と大盛り上がりしたものです。

執筆するにあたっては、家族で過ごすための時間を執筆に費やすことが少なくありませんでした。執筆に時間を割く私を温かく見守ってくれた妻の楽、強制的に机の前から剥がしてくれた子どもたち（音、福、幸生）、いつもありがとう。

本書のエッセンスは、私がOKRの実践に取り組み始めたナビタイムジャパンでの経験が大きなウェイトを占めています。みなさんお元気ですか？　いつも出かけるときにはナビタイムのサービスを愛用しています。あらためて、ありがとうございました。

私が入社する前からOKRを導入していたカケハシでの経験は、当初構想していた内容をさらにひろげていくきっかけになりました。この経験がなければ「測りすぎ」について言語化することはなかったでしょう。

アジャイルコミュニティでの登壇経験や、コミュニティにいる人々との対話が、私の経験を言語化する後押しになってくれました。コミュニティあっての私です。

お忙しい中、本書のレビューに協力してくれた大野英さん、常松祐一さん、鈴木優さん。

コラム執筆に2つ返事で「いいよ」といってくれた芹澤雅人さん、松本勇気さん。

そしてレビュー、コラム執筆を両方お願いするという過大なお願いに快く応えてくださった市谷聡啓さん、新井剛さん、川口恭伸さん、森一樹さん、湯前慶大さん、小笠原晋也さん。

友人であり、同僚であり、師匠であり、学び合う関係であるみなさんのおかげで本書は自信をもって送り出せるものになりました。本当にありがとうございました。

コラム執筆者プロフィール

芹澤 雅人（せりざわ まさと）

株式会社SmartHR　代表取締役CEO

2016年2月、SmartHR入社。2017年7月にVPoE就任、開発業務のほか、エンジニアチームのビルディングとマネジメントを担当する。2019年1月以降、CTOとしてプロダクト開発・運用に関わるチーム全体の最適化やビジネスサイドとの要望調整も担う。2020年11月取締役に就任、その後、D&I推進管掌役員を兼任し、ポリシーの制定や委員会組成、研修等を通じSmartHR社におけるD&Iの推進に尽力する。2022年1月より現職。

市谷 聡啓（いちたに としひろ）

株式会社レッドジャーニー 代表

「仮説検証」と「アジャイル開発」、「組織アジャイル」についての経験が厚い。著書に「カイゼン・ジャーニー」「正しいものを正しくつくる」「組織を芯からアジャイルにする」などがある。

小笠原 晋也（おがさわら しんや）

KDDIアジャイル開発センター株式会社　アジャイルコーチ

複数の企業でエンジニアリングマネージャーを経験した後、現在はアジャイル開発事業を行う企業でアジャイルコーチとして従事。アジャイルだけでなく、教育心理学をベースにしたアプローチでクライアントの支援を行っている。

松本 勇気（まつもと ゆうき）

LayerX 代表取締役CTO

2021年3月よりLayerX 代表取締役CTOに就任。開発や組織づくり、及びFintechとAI・LLM事業の2事業の推進を担当。日本CTO協会理事を務める。

新井 剛（あらい たけし）

株式会社レッドジャーニー 取締役COO

プログラマー、プロダクトマネージャー、エンジニアリング部門長などを経て現在はアジャイルコーチとして組織開発に従事。著書に「カイゼン・ジャーニー」「いちばんやさしいアジャイル開発の教本」「ここはウォーターフォール市、アジャイル町」がある。

川口 恭伸（かわぐち やすのぶ）

YesNoBut株式会社　代表取締役
アギレルゴコンサルティング株式会社シニアアジャイルコーチ

北陸先端大修了後、(株)QUICKでシステム開発等を担当。2008年スクラムと出会い、2011年よりスクラムギャザリング東京実行委員。2012-2018年楽天でアジャイルコーチ、2021-2022年ホロラボでシニアアジャイルコーチ。訳書に「Fearless Change」「ユーザーストーリーマッピング」など。認定スクラムプロフェッショナルで、認定トレーニングの運営・共同講師経験多数。

森 一樹（もり かずき）

株式会社野村総合研究所　チームファシリテーター

ふりかえりとファシリテーションを軸に、よい組織・プロダクトを作るために活動するエバンジェリスト。『アジャイルなチームをつくる ふりかえりガイドブック』（翔泳社）の著者。

湯前 慶大（ゆのまえ よしひろ）

株式会社カケハシ CTO

株式会社日立製作所にてLinuxカーネルの研究に携わった後、2014年に株式会社アカツキに参画。エンジニアやエンジニアリングマネージャーとして複数のプロダクトを担当し、2017年よりVP of Engineeringとして全社エンジニア組織のマネジメントに従事。2020年に執行役員職能本部長に就任して以降は、ゲーム事業全体のマネジメント業務に携わる。2023年3月に株式会社カケハシに参画。新規事業領域のVP of Engineeringを務めた後、2024年3月にCTO就任。

著者プロフィール

小田中 育生（おだなか いくお）

株式会社カケハシ Engineering Manager

2023年10月より株式会社カケハシにエンジニアリングマネージャーとしてジョイン。アジャイルを前提とした組織において新規事業のプロダクト開発にコミット。高速に仮説検証サイクルを回しながら日本の医療体験をしなやかにするべく日々奮闘している。また、アジャイルチームにおけるOKRの導入推進経験が豊富で、アジャイル系カンファレンスでの登壇、ブログ執筆など様々な発信を行っている。

レビューにご協力いただいたみなさま（敬称略）

新井 剛
市谷 聡啓
大野 英
小笠原 晋也
川口 恭伸
鈴木 優
常松 祐一
森 一樹
湯前 慶大

INDEX

さ行

た行

な行

は行

ま行

や行

ら行

わ行

本書内容に関するお問い合わせについて

このたびは翔泳社の書籍をお買い上げいただき、誠にありがとうございます。弊社では、読者の皆様からのお問い合わせに適切に対応させていただくため、以下のガイドラインへのご協力をお願い致しております。下記項目をお読みいただき、手順に従ってお問い合わせください。

●ご質問される前に

弊社Webサイトの「正誤表」をご参照ください。これまでに判明した正誤や追加情報を掲載しています。

正誤表　https://www.shoeisha.co.jp/book/errata/

●ご質問方法

弊社Webサイトの「書籍に関するお問い合わせ」をご利用ください。

書籍に関するお問い合わせ　https://www.shoeisha.co.jp/book/qa/

インターネットをご利用でない場合は、FAXまたは郵便にて、下記"翔泳社 愛読者サービスセンター"までお問い合わせください。

電話でのご質問は、お受けしておりません。

●回答について

回答は、ご質問いただいた手段によってご返事申し上げます。ご質問の内容によっては、回答に数日ないしはそれ以上の期間を要する場合があります。

●ご質問に際してのご注意

本書の対象を超えるもの、記述個所を特定されないもの、また読者固有の環境に起因するご質問等にはお答えできませんので、予めご了承ください。

●郵便物送付先およびFAX番号

送付先住所　〒160-0006　東京都新宿区舟町5

FAX番号　03-5362-3818

宛先　（株）翔泳社 愛読者サービスセンター

※本書に記載されたURL等は予告なく変更される場合があります。

※本書の出版にあたっては正確な記述につとめましたが、著者や出版社などのいずれも、本書の内容に対してなんらかの保証をするものではなく、内容やサンプルに基づくいかなる運用結果に関してもいっさいの責任を負いません。

アジャイルチームによる目標づくりガイドブック

OKR（オーケーアール）を機能させ成果に繋げるためのアプローチ

2024年7月22日 初版第1刷発行

著者　小田中育生（おだなか・いくお）
発行人　佐々木幹夫
発行所　株式会社翔泳社（https://www.shoeisha.co.jp）
印刷・製本　日経印刷株式会社

本書へのお問い合わせについては、271ページに記載の内容をお読みください。
造本には細心の注意を払っておりますが、
万一、乱丁（ページの順序違い）や落丁（ページ の抜け）がございましたら、
お取り替えいたします。
03-5362-3705までご連絡ください。

ISBN978-4-7981-8473-9
Printed in Japan

装丁・本文デザイン：和田奈加子
DTP：山口良二
イラストレーション：亀倉秀人